Oliver Hoffmann • Crashkurs Uhren

Gestaltung Cover: Timo Boethelt
Gestaltung, Satz und Herstellung: Timo Boethelt
Vorlektorat: Claus Rosenkranz
Korrektorat: Florian Hofmann
Druck: CPI books GmbH, Leck, Germany

ISBN 978-3-86470-791-9



Bibliografische Information der Deutschen Nationalbibliothek:
Die Deutsche Nationalbibliothek verzeichnet diese Publikation in der Deutschen Nationalbibliografie; detaillierte bibliografische Daten sind im Internet über <http://dnb.d-nb.de> abrufbar.

BÖRSEN MEDIEN
AKTIENGESELLSCHAFT

Postfach 1449 • 95305 Kulmbach
Tel: +49 9221 9051-0 • Fax: +49 9221 9051-4444
E-Mail: buecher@boersenmedien.de
www.boersenbuchverlag.de
www.facebook.com/plassenbuchverlage
www.instagram.com/plassen_buchverlage

OLIVER HOFFMANN

# CRASHKURS UHREN

AUSWAHL, ERWERB, WERTERHALT, VERÄUSSERUNG:
DER UMFASSENDE RATGEBER

Börsenbuchverlag

# INHALT

# VORWORT

Mit diesem Buch möchte ich einen umfassenden und dennoch allgemein verständlichen Leitfaden für alle Uhrenenthusiasten vorstellen.

Immer wieder stelle ich fest, dass sich gerade Einsteiger mit der komplexen und inhaltlich vielschichtigen Materie häufig schwertun – und dann kommt es oft zu Fehlern und Fehleinschätzungen beim Kauf oder Verkauf von Uhren. Das muss nicht sein! Dennoch gab es bisher kein Nachschlagewerk, welches alle Informationen rund um den Lebenszyklus einer Uhr – von Interesse über Information über Investition über Instandhaltung – kurz und prägnant bündelte.

Dieses Manko soll „Crashkurs Uhren" beheben. Er ist Ihr persönlicher Wegweiser durch den Uhren-Dschungel – gerade als Einsteiger kann man leicht die Orientierung verlieren. Sie finden hier in einer übersichtlichen Darstellung alle relevanten Themen rund um die Uhr sowie diverse Ansatzpunkte, um sich weiter in die Materie zu vertiefen. Ich selbst beschäftige mich seit fast 20 Jahren intensiv mit Uhren – mir hätte dieses Buch den Einstieg sehr erleichtert. Es ist eine Zusammenstellung aller relevanten Themen rund um die Uhr. Ich wünsche Ihnen nun viel Freude mit dem Einstieg in den wunderbaren Uhren-Kosmos.

Sollten Sie Fragen oder Anregungen zu diesem Buch haben, können Sie mich gern unter oliver.hoffmann@auparo.de kontaktieren.

# ÜBER DIESES BUCH – EINE ANLEITUNG ZUM „CRASHKURS“

Uhren sind in aller Munde – nie zuvor haben klassische und soziale Medien derart viel über Uhren berichtet und sich so viele Menschen für Uhren interessiert, diese gekauft und gesammelt. Trotz oder gerade wegen der Popularität von Uhren als Sammel- und Investitionsobjekte ist es derzeit schwierig, sich als interessierter Laie oder Neuling einen guten Überblick zu verschaffen. Die Informationsflut ist nirgendwo wirklich transparent und übersichtlich von Anfang bis Ende aufbereitet. Genau hier möchte dieses Buch ansetzen: „Crashkurs Uhren“ bietet jedem am Thema Uhren Interessierten die Möglichkeit, sich über sämtliche Aspekte einer Uhr – von der ersten Information über Kauf und Verkauf bis hin zur Wartung und rechtlichen Themenkomplexen – zu informieren.

Hierbei geht der „Crashkurs“ chronologisch vor: Wo beginnt man, Informationen über Uhren zu sammeln? Was sind die entscheidenden Schritte, mit welchen ich mich geistig auseinandersetzen muss, wenn ich eine Uhr kaufen möchte? Wie sammle ich Uhren? Welche Marken sind bedeutsam? Welche Dinge sind bei Kauf und Verkauf zu beachten und welche möglichen Kanäle gibt es dafür? Diese und noch viele weitere Themen werden kurz, prägnant, übersichtlich und objektiv behandelt. Man darf sich beim Thema Uhren nämlich nicht blenden lassen von den allzu vollmundigen Versprechungen der meisten Uhrenhersteller. Schließlich geht es bei dem Thema meist um viel Geld – Ihr Geld. Auch als Anlageinstrument spielten Uhren in den letzten Jahren eine immer bedeutendere Rolle – und spätestens an diesem Punkt ist es für jeden interessierten Laien wichtig, einen fundierten Gesamtüberblick über das spannende Thema Uhren zu bekommen.

Jedes Kapitel bietet Ihnen eine Übersicht über ein wichtiges Thema. Des Weiteren gibt es zu jedem Thema Einschübe, in denen besonders relevante Informationen oder weiterführende Details speziell für Einsteiger erläutert werden.

In den letzten 20 Jahren hat sich die Welt der Uhren stark verändert. Zum einen hat sich ein bereits vorhandener Sekundärmarkt (sprich der Markt für gebrauchte Uhren) stark vergrößert und es haben sich komplett neue Sammel- und Investitionsthemen etabliert (zum Beispiel Stahluhren der 1970er-Jahre oder sportliche Chronographen) – oftmals sind die Preise um mehrere Hundert Prozent angestiegen. Dies hat auch zur Folge, dass das allgemeine Interesse an Uhren, besonders am Kauf und Verkauf von Uhren, stark zugenommen hat – mit einem dementsprechend großen Informationsangebot auf allen Kanälen. Zum anderen gibt es heute deutlich mehr Marken und Modelle als früher, der Markt hat sich auch inhaltlich vergrößert. Wenn man beginnen möchte, sich damit zu beschäftigen, steht man oft zunächst einmal ratlos da – wo anfangen? Um diesen Einstieg zu erleichtern, werden die ersten Kapitel dieses Buches zur Orientierung eine kurze Marktübersicht bieten, mit den jeweils wichtigsten Themen rund um Hersteller, Marken, Modelle, Märkte und Wege.

Wenn ich mich zurückerinnere an die Zeit, in der Uhren in meinem Leben noch keine große Rolle gespielt haben, war eine der ersten Fragen, die ich mir gestellt habe: Warum in aller Welt interessieren sich Menschen für Uhren, die doch ein völliger Anachronismus sind? Wenn ich die Uhrzeit wissen möchte, gibt es heutzutage schließlich viele andere Möglichkeiten, um diese zu erfahren. Ich kann zum Beispiel auf die Taskleiste meines Computers schauen oder mein Handy zur Hand nehmen. Somit war es eine erste fundamentale Erkenntnis für mich, dass sich die Faszination von Uhren über ihre reine Funktionalität erhoben hat. Denn man muss wissen: Selbstverständlich gab es eine Zeit, in der die „Uhrzeit“ eine sehr wichtige, ja geradezu essenzielle Information war, um zum Beispiel Abläufe zu synchronisieren, Handel zu ermöglichen oder um sich schlicht und ergreifend zu treffen. Zeit war früher einmal eine Herrschaftsinformation.

Zugleich zeichnete es Uhren von Anfang an aus (die ersten Uhren in tragbarer Form kamen ungefähr in der Mitte des 15. Jahrhunderts auf), sich stets unmittelbar am Körper des Inhabers zu befinden – sie sind daher zunehmend zu einem persönlichkeitskonstituierenden Accessoire geworden. Diese Funktion ist heute zentral geworden, da Uhren ihrer Funktionalität weitgehend beraubt wurden. Das Schlagwort lautet „symbolische Selbstergänzung“. Einfach ausgedrückt: Durch die zahlreichen ausdifferenzierten Merkmale von Uhren – wir werden diese später noch beleuchten – sagen Uhren durch ihre Machart und ihre Marke viel über eine Person aus und können von ihrem Träger dazu benutzt werden, Botschaften oder einfach nur das persönliche Standing zu vermitteln. Diese Funktion ist heutzutage zentral für die Bedeutung und das Verständnis der Faszination.

Darüber hinaus geht von Uhren auch eine große Faszination bezüglich des technisch Machbaren aus – technisch machbar im Sinne von Technik, die man noch verstehen und nachvollziehen kann, da sie bei hochwertigen Uhren praktisch ausschließlich mechanisch abläuft. Die Faszination, über kleinste Rädchen und Bauteile komplexe Funktionen abrufen zu können, erfasst Sammler und Liebhaber bis heute nachhaltig.

Wir merken uns: Sowohl die Mechanik und die technische Funktionalität spielen eine große Rolle als auch das, was ich mit einer Uhr, der Marke, der Funktion und auch dem Wert nach außen darstellen kann. Auf beide Themen werden wir im Folgenden noch weiter eingehen. Ich begann mich wirklich für das Thema während meiner Studienzeit in Zürich zu interessieren, als ich merkte, dass Uhren nicht nur ein Anachronismus sind, sondern dass man mit ihnen offensichtlich gutes Geld verdienen und ebendieses auch für sie ausgeben kann: Die berühmte Zürcher Bahnhofstraße ist mit Uhrengeschäften geradezu überfüllt und ich war fasziniert ob der Preise, die für exklusive Zeitmesser aufgerufen wurden, obwohl ich nicht verstand, warum Leute derart viel Geld für etwas ausgeben, was letztendlich durch seine reine Funktion diesen Wert niemals darstellen kann. Diese Erkenntnis kann auch für Sie als Leser eine interessante Ausgangsbasis bieten – oft habe ich von Leuten, welche sich noch nicht mit Uhren beschäftigt haben, gehört, dass es nicht sinnvoll sei, sich damit auseinanderzusetzen, weil Uhren nicht mehr zeitgemäß seien. Das Gegenteil ist der Fall – Uhren sind zum einen ein großer, komplexer und spannender Kosmos, in welchem das Sammeln und der Besitz für viel Freude sorgen, die zum anderen aber auch ein interessantes und sehr modernes Investment sein können. Auch diese beiden Themen werden wir eingehend behandeln.

# DIE UHR – WAS IST DAS?

Am Anfang stellt sich die Frage: Was ist eine Uhr überhaupt? Die einfachste Antwort darauf ist wohl die folgende: Eine Uhr ist eine technische Vorrichtung, welche mindestens die Zeit anzeigt. Sprich: Die grundlegendste Funktion ist die Anzeige der Zeit zur groben Einteilung eines Tages. Mechanische Systeme sind ausgesprochen gut geeignet, um solche linearen Abläufe optisch umzusetzen. Die Zeitanzeige erfolgt meistens mittels Zeiger, welche auf einem bedruckten Zifferblatt verschiedene Intervalle anzeigen – meistens Stundeneinteilungen. Die gespeicherte Energie, die dazu nötig ist, wird normalerweise in einem Federhaus durch eine aufgezogene Feder gebunden und dann über eine sogenannte Hemmung in kleinen Portionen an ein Räderwerk abgegeben, wobei die Übersetzung der einzelnen Räder bewirkt, dass sich zum Beispiel ein Zeiger gleichmäßig bewegt – die Einteilung entspricht dabei einer Stunde. Zu dieser Funktion haben sich in der Vergangenheit zahlreiche Funktionen hinzugesellt. Diese beginnen bei der Minutenanzeige und erstrecken sich bis zu Kalenderfunktionen, der akustischen Zeitanzeige sowie weiteren Stopp- und Anzeigefunktionen. Je mehr Funktionen eine Uhr vereint, desto komplizierter ist sie in der Herstellung und deswegen auch meist kostspieliger in der Anschaffung und Wartung.

> **Tipp für Einsteiger:** Eine zusätzliche Anzeige beziehungsweise Funktion bei Uhren heißt Komplikation. Komplikationen lassen sich als Module verstehen, die das Uhrwerk nutzen, aber nicht dessen unmittelbarer Teil sind. Die zusätzlichen Module nennt man auch Kadraturen.

Diese Art der Unterteilung der Funktionen einer Uhr hat historische Wurzeln, daher ein paar Worte zur Entstehungsgeschichte von Uhren: Wo kommen sie her und was sind ihre wichtigsten Entwicklungslinien? Ein gewisses historisches Verständnis erleichtert nämlich sehr die Beschäftigung mit Uhren im Hier und Jetzt, ebenso die Einordnung der Funktionen einer Uhr – da die Funktionen direkten Einfluss auf die Komplexität des Produkts und somit auch auf den Preis oder die Stellung innerhalb einer Produkthierarchie haben. So ist in den meisten Fällen eine Uhr, welche Stunden und Minuten anzeigt, weit einfacher und deswegen auch günstiger als eine Uhr, die zum Beispiel eine Kalenderfunktion und einen Chronographen beinhaltet, der das Stoppen von Zeitintervallen ermöglicht. Das Hinzuaddieren von Funktionen auf mechanischer Ebene ist nämlich mit einem beträchtlichen Aufwand verbunden. Entsprechende Uhren sind deutlich komplexer in der Herstellung, es werden mehr Teile benötigt, um Zusatzfunktionen zu bieten. Auch sind die handwerklichen Fähigkeiten, die erforderlich sind, um diese Zusatzfunktionen in ein Uhrwerk zu integrieren, rar und somit in der Herstellung dementsprechend gefragt. Beides war historisch gesehen ein wichtiger Treiber für die Uhrenindustrie, immer hochwertigere und komplexere Uhren zu bauen – die Fähigkeit, komplexe Uhren bauen zu können, prägt den Ruf verschiedener Hersteller bis heute. Dieses Funktionsspektrum bestimmt auch, was eine Uhr kann und was sie nicht kann. So können Uhren die meisten Kalenderfunktionen und Funktionen zur Zeitanzeige darstellen, darüber hinaus haben Uhren jedoch meistens keine direkte Funktion.

Die folgende Tabelle listet auf, welche Komplikationen es gibt und wie sie zu bewerten sind.

| Komplikation | Bewertung |
| --- | --- |
| Datumsanzeige | Zeigt das aktuelle Monatsdatum an.<br><br>Im Alltag praktische Funktion, die sich technisch recht einfach umsetzen lässt. |
| Kalenderwochenanzeige | Zeigt die aktuelle Kalenderwoche an.<br><br>Die Kalenderwoche wird eher selten mit dargestellt, obwohl sie gerade im alltäglichen (geschäftlichen) Kontext sehr nützlich sein kann. |
| Wochentagsanzeige | Zeigt den aktuellen Wochentag an.<br><br>Im Alltag praktische Funktion, die sich technisch recht einfach umsetzen lässt (meist über Zeiger oder Scheibe). |
| Mondphase | Zeigt die aktuelle Mondphase mittels einer Scheibe an.<br><br>Meist sehr ansprechende Komplikation, die sehr zur Wirkung einer Uhr beitragen kann, technisch eher anspruchsvoll |
| Zweite Zeitzone / GMT | Zeigt eine zusätzliche Ortszeit an. Praktisch auf Reisen.<br><br>Sehr beliebte und praktische Funktion, die ganze Linien von Uhren geprägt hat, technisch i. d. R. eher einfach darzustellen. |
| Gangreserveanzeige | Zeigt an, wie lange (meist in Stunden) die Uhr noch läuft, ohne dass man sie aufziehen muss.<br><br>Diese Komplikation hat bei modernen Uhrwerken mit langer Gangreserve an Bedeutung verloren. |
| Chronograph | Ein zusätzlicher Zeiger kann über zusätzliche Drücker und Hilfszifferblätter Intervalle stoppen.<br><br>Sehr beliebte Komplikation, die technisch in verschiedenen, unterschiedlich komplexen Ausführungen verfügbar ist und eine ganze Reihe von nützlichen Zusatzfunktionen abbilden kann. |

| Komplikation | Bewertung |
|---|---|
| Chronograph mit Flyback-Funktion | Technisch anspruchsvolle Ergänzung der normalen Chronographenfunktion um ein direktes Nullstellen und Neustarten des Chronographen. |
| Chronograph Rattrapante | Technisch sehr anspruchsvolle Ergänzung der normalen Chronographenfunktion um einen zweiten Chronographenzeiger zur Ermittlung von Zwischenzeiten. |
| Chronograph Foudroyante | Technisch anspruchsvolle Ergänzung der normalen Chronographenfunktion um einen Zähler für Sekundenbruchteile (i. d. R. 1/8-Sekunden). |
| Zeitgleichung (Äquation) | Technisch anspruchsvolle Darstellung der mittleren Sonnenzeit als Differenz zur Normalzeit. |
| Weltzeituhr | Darstellung aller Zeitzonen auf dem Zifferblatt mit direkter Umschaltung zwischen Ortszeiten, hoher praktischer Nutzen. |
| Armbandwecker | Ein zusätzliches Alarmwerk macht die Uhr zu einem Wecker mit einstellbarem Alarm, heute nur noch sehr wenig verbreitet. |
| Uhren mit Schlagwerk (Repetition) | Zeigt die aktuelle Zeit auf Knopfdruck akustisch mittels kleiner Hämmer und Tonfedern an.<br><br>Technisch sehr aufwendig und komplex; klassische große Komplikation, welche im Armbanduhrenbereich selten anzutreffen ist. Verschiedene mögliche Ausführungen (z. B. häufig Viertelstunden-Repetition oder Minuten-Repetition). |
| Uhren mit Spielwerk | Oft Erweiterung der Schlagwerk-Komplikation um ein Musikwerk, bei Armbanduhren sehr selten anzutreffen. |

| Komplikation | Bewertung |
|---|---|
| Tourbillon | Eine komplexe Konstruktion, bei der sich das Schwing- und Hemmungssystem einer mechanischen Uhr um seine eigene Achse dreht, um eine höhere Ganggenauigkeit zu erreichen.<br><br>Technisch aufwendig und komplex; klassische große Komplikation, welche im Armbanduhrenbereich bis zur Einführung moderner CNC-Fertigungstechnologie sehr selten anzutreffen war. Heute von den meisten High-End-Herstellern produziert, da die Komplikation vielen als Verkörperung von Komplexität an Uhren gilt. |
| Ewiger Kalender | Technisch aufwendig und komplex; stellt Kalender, inklusive Schaltjahr und Monatslängen, korrekt dar und muss nur bei Ausnahmen im julianischen Kalender nachjustiert werden. Klassische große Komplikation. |
| Weitere Kalenderkomplikationen | Neben dem ewigen Kalender existiert eine Vielzahl an weiteren Kalenderkomplikationen, welche alle zum ewigen Kalender redundant sind und jeweils weniger lange Zeitintervalle kalendarisch korrekt abbilden (vor allem Vierjahreskalender, Jahreskalender). |

So weit zu den reinen Funktionsebenen. Darüber hinaus haben Uhren oft auch einen sozialen Nutzen. Dies hat mit der bereits zuvor erwähnten symbolischen Selbstergänzung zu tun: Wir können eine Uhr, wenn sie aufgrund der zahlreichen Funktionen und möglichen Design-Ausrichtungen individuell wahrgenommene Ähnlichkeiten mit unserer Persönlichkeit aufweist (wie zum Beispiel Sportlichkeit, soziale Stellung et cetera), dazu nutzen, uns in der Öffentlichkeit so darzustellen, wie wir dies wünschen. So erreiche ich mit einer robusten Uhr aus Edelstahl von einem bekannten Markenhersteller wie zum Beispiel Rolex eine ganz andere Wirkung als mit einem komplexen Kalendermechanismus, beispielsweise des weniger bekannten Herstellers Vacheron Constantin. Überhaupt steht der soziale Nutzen heute für viele an erster Stelle, wenn es um das Thema Uhren geht. Schließlich sind Uhren perfekt dafür geeignet, individuelle Botschaften mehr oder weniger subtil zu senden, was andere Gegenstände, die unmittelbar zum persönlichen Umfeld gehören, ebenfalls können. So wie zum Beispiel Kleidung oder Schuhe, zeigen auch Uhren ein Stück weit, wie sich der Träger sehen möchte, sieht oder wie er in seinem sozialen Umfeld eingebettet ist (zum Beispiel durch das Zurschaustellen von besonders teuren Uhren).

**Tipp für Einsteiger:** Machen Sie sich Gedanken, was Sie von einer Uhr erwarten – sowohl vom Erscheinungsbild (Größe, Form, Dicke) als auch von den Funktionalitäten. Soll Ihre Uhr wasserdicht sein, wollen Sie mit ihr Sport machen oder nicht? Ebenfalls hilfreich ist es, sich ausführlich mit den möglichen Funktionen, die eine Uhr abdecken kann und für Sie soll, zu beschäftigen. Besonders beliebte Funktionen sind zum Beispiel der Chronograph oder eine Kalenderfunktion. Beachten Sie immer: Wenn Sie mehr Funktionen bei mechanischen Uhren wollen, ist auch häufig ein höheres Investment notwendig. Sobald Sie sich im Klaren darüber sind, in welchem Preisbereich eine Uhr liegen und welche Funktionen diese abbilden soll, sind Sie schon ein ganzes Stück weiter in Ihrem Auswahlprozess.

Ebenso unterscheidet sich das „Einsatzgebiet" von Uhren stark. Oft ist es eine der grundlegenden Fragen, ob eine Uhr wasserdicht ist, wie robust sie ist und in welchen Situationen sie problemlos getragen werden kann. Man sollte sich immer ins Gedächtnis rufen, dass Uhren häufig empfindliche, komplizierte mechanische Objekte sind, welche nicht unbedingt starken Belastungen, Schmutz oder Wasser ausgesetzt werden sollten – sollten Sie beispielsweise eine Sportuhr oder eine robuste Reiseuhr suchen, machen Sie sich über die damit einhergehenden Aspekte Gedanken. Dies schränkt die Auswahl an Uhren durchaus ein.

Ein weiteres grundlegendes Unterscheidungsmerkmal von Uhren ist die Art des Uhrwerks. Das Uhrwerk ist im Wesentlichen das, was einer Uhr erst ihr „Leben“ verleiht, und auch im Hinblick auf die Herstellungs- und Entwicklungskosten das wichtigste Bauteil. Die wesentlichste Unterscheidungslinie verläuft zwischen Quarzuhren und mechanischen Uhren.

Die Quarzuhr (auf der Basis von Siliziumdioxid) ist heute der häufigste Uhrentyp. Quarzuhren nutzen Quarzkristallschwingungen und einen integrierten Schaltkreis, um die Zeit zu messen. Sie bieten eine hohe Genauigkeit zu einem erschwinglichen Preis. Die Kombination aus Genauigkeit, Erschwinglichkeit und kompaktem Bau macht Quarzuhren zu einer beliebten Wahl, gerade im unteren Preissegment und bei Schmuckuhren.

Mechanische Uhren sind die ursprüngliche Form der Uhr und beziehen ihre Energie über mechanische Bauteile, das heißt ohne den Einsatz von Elektrizität. Stattdessen nutzen sie die potenzielle Energie, die in einer langen Feder oder Triebfeder gespeichert ist. Die Triebfeder wickelt sich langsam ab und überträgt die Energie auf ein Räderwerk. Sie muss aufgezogen werden. Dies kann per Hand (Handaufzugsuhr) oder automatisch geschehen. Bei einer Automatikuhr (auch bekannt als Selbstaufzugsuhr) wird ein Uhrwerkrotor mit in das Uhrwerk integriert. Wenn die Uhr bewegt wird, dreht sich der Rotor und zieht die Uhr durch Anziehen der Aufzugsfeder wieder auf. Dieser Mechanismus macht mechanische Uhren auch leicht identifizierbar: Aufgrund der mechanischen Teile von Automatikuhren „fließt“ ihr Sekundenzeiger über das Zifferblatt in einer kontinuierlichen, diskreten Bewegung. Da sie jedoch durch mechanische Teile betrieben werden, sind Automatikuhren nicht so genau wie Quarzuhren. Außerdem sind sie in der Regel um einiges teurer als Quarzuhren und eher in einem höheren Preissegment angesiedelt. Eine Variante einer mechanischen Uhr mit höherer Genauigkeit ist der Chronometer. Technisch gesehen kann die Bezeichnung „Chronometer“ nur solchen Uhren verliehen werden, die den 16-Tage-Test der Contrôle Officiel Suisse des Chronomètres (COSC), einem Prüfinstitut in der Schweiz, bestanden haben.

Darüber hinaus gibt es noch einige Uhren mit einer Hybridform, sprich einer Kombination aus Quarz und mechanischem

Aufzug: kinetische Uhren und Uhren mit sogenanntem Springdrive. Ähnlich wie bei Automatikuhren haben diese einen Rotor, dessen Energie jedoch mithilfe eines internen Dynamos in Elektrizität umgewandelt wird. Diese wird dann in einer Energiezelle gespeichert. Um sich aufzuladen, müssen kinetische Uhren getragen werden.

**Tipp für Einsteiger:** Überlegen Sie sich, welche Erwartungen Sie an eine Uhr und welches Budget Sie zur Verfügung haben. Oft können mechanische Uhren viel weniger Funktionen als Quarzuhren abbilden, sind aber als Investment oftmals besser.

Der letzte wichtige Aspekt bei dem, was Uhren können und nicht können, ist die Marke. Das wird Sie vermutlich zunächst einmal überraschen, aber wir haben ja bereits gelernt, dass der soziale Nutzen ein wichtiger Aspekt sein kann – und dieser wird nun einmal größtenteils über die Marke transportiert. Denn auch die Marke einer Uhr ist eine Eigenschaft, durch welche der Uhr ein Stück ihres Wertes zugeschrieben wird.

Viele Marken bieten Uhren mit den gleichen Funktionen an. Sie unterscheiden sich aber häufig stark im Preis, was auf die Qualität und Fertigungstiefe der Uhr und deren Komponenten sowie die Art des Werkes zurückzuführen ist. Dabei ist die Marke so etwas wie ein Aushängeschild der Uhr. Heutzutage haben es Uhrenhersteller geschafft, viele der technischen und auch emotionalen Themen, welche eine Uhr transportiert, in ihrer Marke zu sublimieren und mehr oder weniger subtil damit zu verbinden. Auch über die Auswahl einer Uhrenmarke kann man sich dem Thema, welche Uhr man kaufen oder sammeln sollte, gut annähern. So ist es zum Beispiel interessant, sich über verschiedene Uhrenmarken und ihre Geschichte zu informieren und zu verstehen, wo eine Uhrenmarke historisch gesehen herkommt und welche Werte oder technischen Aspekte sie hauptsächlich transportieren möchte – die Unterschiede sind teilweise gewaltig.

**Tipp für Einsteiger:** Um einen guten Überblick zu bekommen, welche Marken es überhaupt gibt, nehmen Sie sich Zeit und gehen Sie durch die Luxuseinkaufsstraße der nächstgelegenen Metropole. Hier werden Sie auf zahlreiche Geschäfte treffen, die entweder einzelne Uhrenmarken vertreiben (häufig auch Boutiquen der jeweiligen Marke), oder auf Juweliere stoßen, die mehrere Marken verkaufen. Schauen Sie sich die Auslagen an und vergleichen Sie. Sehen Sie eine Marke, die Ihnen besonders gut gefällt, dann starten Sie eine erste Internetrecherche. Dort finden sich die meisten Marken im Überblick mit grundlegenden Daten zu Kollektion, Geschichte und Markenkern (sprich dem, wofür die Marke aus eigener Sicht steht).

## WOHER KOMMEN UHREN?

Bevor man sich nun genauer mit Marken und Uhrentypen beziehungsweise deren Erwerb und Erhalt auseinandersetzt, ist es sinnvoll, sich mit der Entstehungsgeschichte der Uhren zu befassen. Denn die Geschichte und deren Entwicklungen prägen die Uhrenindustrie bis heute; viele Unternehmen beziehen sich noch heute auf ihre Meilensteine der Vergangenheit.

**Tipp für Einsteiger:** Befassen Sie sich ausführlich mit der Geschichte der Uhren – dadurch lernt man sehr viel über das, was Werte bei Uhren schafft. Auch die Geschichte einer einzelnen Uhrenmarke lässt Sie besser verstehen, warum sich eine Marke dort befindet, wo sie heute ist und was deren Uhren ausmacht – die meisten Uhrenhersteller beziehen sich stark auf ihre Vergangenheit, was Design, Technik und Markenführung anbelangt.

Menschen sind schon lange von der Beobachtung und auch Messung des Zeitablaufs fasziniert – war dies zunächst doch zum Überleben notwendiges Herrschaftswissen; man musste schließlich wissen, wann man aussähen und ernten musste. Vom prähistorischen Menschen bis zum modernen Technologiewahn hat die

Uhrenwelt eine Fülle von verschiedenen Geräten gesehen, die zur Zeitmessung verwendet wurden. Sonnenuhren und Wasseruhren gehörten lange Zeit zu den gängigsten Methoden, die Zeit zu verfolgen, bevor gegen Ende des 13. Jahrhunderts die mechanische Uhr erfunden wurde.

Im Jahr 1275 wurde die erste mechanische Uhr in England erschaffen – im klösterlichen Umfeld, war der Tagesablauf der meisten Orden doch streng reglementiert und bedurfte daher einer genauen Zeitmessung. Eine der ältesten funktionierenden Uhren, fertiggestellt im Jahr 1386, befindet sich in der Kathedrale von Salisbury. Diese Uhr hat kein Zifferblatt und zeigt die Zeit durch das Schlagen der Stunden an. In den frühen Jahren des 14. Jahrhunderts wurden in Italien vermehrt mechanische Uhren gebaut, meist Uhren mit Glockenschlägen, die in Herrenhäusern und Städten zu hören waren – Zeit war eine öffentliche Angelegenheit.

Das 16. Jahrhundert brachte die Verwendung von Messing, Bronze und Silber anstelle des zuvor genutzten Eisens mit sich und verwendete Techniken wurden erheblich verfeinert. In den 1540er-Jahren etablierte sich schließlich die Schweizer Uhrenindustrie im Raum Genf. Da der Reformator Johannes Calvin den Menschen das Tragen von Schmuck verbot, zwang er die Juweliere gleichzeitig, ein anderes Handwerk zu erlernen, welches erlaubt war – die Uhrmacherei profitierte stark von den begabten Handwerkern, welche sich nun ganz dem neuen Thema widmeten. Im Jahr 1574 entstand die erste bekannte Taschenuhr aus Bronze mit religiösen Darstellungen auf der Vorder- und Rückseite, wobei Hals- und Hängeuhren nach wie vor der Standard waren.

Der nächste wichtige Entwicklungsschritt war die Pendeluhr. Sie wurde im Jahr 1640 vom berühmten Galileo Galilei erfunden. Die Pendeluhr verringerte die Zeitabweichung auf etwa 15 Sekunden pro Tag, ein enormer Fortschritt gegenüber der damals möglichen mechanischen Genauigkeit von 15 Minuten pro Tag.

Während die Uhrmacher im späten 16. Jahrhundert begannen, Taschenuhren zu produzieren, zeigten diese zunächst nur die Stunde an – was damals ausreichend genau war. Erst ab 1680 wurden den Uhren Minutenzeiger hinzugefügt. Der erste Sekundenzeiger tauchte zehn Jahre später auf, setzte sich aber noch lange nicht durch. Die Taschenuhr löste schließlich die alte Hängeuhr ab. Dieser Wechsel soll stattgefunden haben, nachdem Karl II. von England Westen als modisches Kleidungsstück für den Adel eingeführt hatte. Da die Uhr nun in der Tasche und nicht mehr geschützt in einem Anhänger getragen wurde, wurde die Form abgeflacht und gebogen, um zu vermeiden, dass scharfe Kanten herausragen und die Kleidung beschädigen. Das Zifferblatt wurde ab 1610 mit Glas überzogen, um die Zeiger vor Beschädigungen zu schützen.

In den frühen Jahren des 18. Jahrhunderts war der Besitz von Uhren immer weiter verbreitet, die Zeit wurde langsam, aber sicher demokratisiert und war nicht mehr Privileg von Klöstern und Königen. Die Kaufmannschaft und der Handel profitierten sehr von dieser Entwicklung; die Hersteller produzierten Uhren in allen Formen und Größen, einschließlich Standuhren und dekorativen, handwerklich versierten Tischuhren. Da Uhren immer mehr zum Mainstream wurden, folgten weitere technische Entwicklungen sowie eine Fülle von Innovationen: Die 1715 eingeführte Graham-Hemmung (später Ankerhemmung) brachte eine größere Präzision mit sich. Der erste Selbstaufzugsmechanismus wurde 1770 von Abraham-Louis Perrelet erfunden. Jean-Antoine Lépine schuf 1770 ein dünneres Uhrwerk, das es den Uhrmachern ermöglichte, dünnere Uhren herzustellen, die sich leichter verbergen ließen. Die Ankerhemmung wurde zwar schon 1759 erfunden, aber erst ab 1785 verbreitet eingesetzt, sie ist bis heute die am weitesten verbreitete Hemmung bei allen Uhrenarten.

Mit der Verbesserung der Technologie im 19. Jahrhundert waren die Hersteller auch in der Lage, ihre eigenen Systeme zur Vervielfältigung von Werkzeugen und Maschinen zu entwickeln. Die Massenproduktion blühte in den Vereinigten Staaten auf, vor allem in Massachusetts und Connecticut. Günstigere Materialien ermöglichten die Massenproduktion von Taschenuhren, die damit erstmals auch für den Normalbürger erschwinglich wurden. Mit der Massenproduktion änderte sich auch die Art, wie Taschenuhren aufgezogen wurden. Ab etwa 1860 wurde der Schlüsselaufzug durch den schlüssellosen Aufzug ersetzt. Dies bedeutete, dass die Taschenuhr durch Drehen der Krone aufgezogen wurde.

Die erste Armbanduhr der Geschichte wurde 1812 als Schmuckuhr für die Königin von Neapel entwickelt. Armbanduhren wurden hauptsächlich von Frauen getragen, da die Uhren anfällig für Beschädigungen aller Art waren, weshalb Männer Taschenuhren trugen. Armbanduhren wurden für Männer erst beim Militär immer beliebter, zumal robustere Exemplare entwickelt wurden. Im Jahr 1880 produzierte Constant Girard von Girard-Perregaux 2.000 Armbanduhren für deutsche Marineoffiziere in Serie. Der brasilianische Flieger Alberto Santos-Dumont war auf der Suche nach einer Uhr, die es ihm erlaubte, während des Fluges beide Hände am Steuer zu lassen. Er wandte sich an seinen guten Freund Louis Cartier, der sich eine Alternative einfallen lassen sollte. Cartier und sein Uhrmacher Edmond Jaeger entwickelten die Santos-Armbanduhr, die durch Santos-Dumont, der sie während seiner Flüge trug, als eine der ersten Herrenarmbanduhren Weltruhm erlangte.

Während des Ersten Weltkriegs bedeutete eine Taschenuhr, dass die Soldaten, um die Zeit im Auge zu behalten, nicht ihre gesamte Ausrüstung tragen konnten. Um die Hände frei zu haben, erhielten sie Armbanduhren, sogenannte „Grabenuhren“. Diese frühen Armbanduhren wurden mit Taschenuhrwerken hergestellt, bei einigen Marken befand sich die Krone auf 12 Uhr, während sie bei anderen auf 3 Uhr verschoben war. Sie wurden an Lederbändern getragen und ermöglichten eine genaue Koordination von Manövern und Angriffen. Armbanduhren wurden Teil der Offiziersausrüstung an der Kriegsfront. Diese Offiziere mussten leuchtende Armbanduhren mit einem unzerbrechlichen Glas besitzen, die jedoch nicht vom Militär geliefert, sondern selbst gekauft werden mussten, um das traditionell knappe Budget des Militärs zu schonen. So gab es zu dieser Zeit viele Werbeanzeigen, die stark zur Popularisierung der Armbanduhr beitrugen.

Im Jahr 1930 wurde die erste Stoppuhr von der Breitling Watch Company patentiert, obwohl sie ursprünglich in den 1770er-Jahren erfunden worden war. Der Chronograph ähnelt zwar einer Stoppuhr, misst aber zusätzlich zu Zeitintervallen die Zeit selbst. Elektrische Uhren wurden in den 1950er-Jahren erfunden. Die Zeiger wurden mechanisch bewegt, doch die Unruh wurde von einem Solenoid angetrieben, einem dünnen Draht, der um einen Metallkern gewickelt ist und ein Magnetfeld erzeugt, wenn elektrischer Strom hindurchfließt. Diese elektrischen Uhren waren ein Vorläufer der Quarzuhr, die 1969 eingeführt wurde. Die Quarzuhr verzichtete auf alle beweglichen Teile, die in mechanischen Uhren zu finden waren, und ersetzte sie durch eine Batterie. Dies bedeutete, dass die Uhren stoßunempfindlicher wurden und eine bessere Ganggenauigkeit ohne aufwendige Wartung bieten konnten. Diese Quarzuhren wurden durch eine batteriebetriebene Schaltung angetrieben und nicht durch ein selbstaufziehendes Uhrwerk. Die offensichtlichen Vorteile dieser neuen Uhrengattung führten zur sogenannten Quarzkrise der etablierten (Schweizer) Uhrenindustrie und in der Folge fast zum Aussterben der mechanischen Uhr – viele Betriebe mussten schließen, die japanische Uhrenindustrie gewann die Oberhand.

Einige Uhrenhersteller konnten sich jedoch behaupten, indem sie auf ihre traditionelle Handarbeit und Wertschöpfung setzten. Seit den 1980er-Jahren haben diese Schweizer Luxusmarken einen regen Aufschwung erlebt, der bis in die heutige Zeit anhält. In dieser Zeit hat sich ebenfalls der sogenannte Sekundärmarkt stark entwickelt – Uhren aus vergangenen Zeiten wurden immer beliebter und daraus entwickelte sich eine große Gemeinde von Sammlern und Investoren, die jede Besonderheit zu schätzen wissen.

Silber, Edelstahl und Gold sind seit jeher die gängigen Materialien für Armband- und Taschenuhren, aber die Hersteller experimentieren seit den 2000er-Jahren auch vermehrt mit Titan, Kompositen und Kohlefaser für die Gehäuse sowie mit Aluminium und Platin. In den letzten Jahren wurden Uhren mit weiteren Hightech-Materialien wie Silizium und Keramik hergestellt.

Einige dieser Materialien finden auch Verwendung in den Uhrwerken, nicht nur bei den Gehäusen.

In jüngster Zeit haben Unternehmen angefangen, mit der „intelligenten Uhr“ zu experimentieren. Diese Uhren haben die etablierten Uhrenhersteller ähnlich unvorbereitet getroffen wie einst die Quarzuhren. Heute sind Apple, Fitbit und Google zu den größten Uhrenherstellern der Welt geworden – alleine die iWatch hat sich über 102 Millionen Mal verkauft. Um mit diesen smarten Uhren Schritt zu halten, führten viele Luxusuhrenmarken ihre eigenen Modelle ein, darunter IWC, TAG Heuer, Montblanc, Frederique Constant und Alpina. Wohin diese Reise geht, ist noch nicht wirklich klar – es bleibt spannend, ob die etablierten Luxusuhrenmarken sich hier dauerhaft behaupten können.

Die mechanische Uhr war einst in der Quarz-Revolution fast gestorben, aber sie ist heute präsenter als je zuvor – sie ist Statussymbol, Liebhaberobjekt und Investmentchance zugleich. Trotz aller neuen technologischen Fortschritte und neuen Uhrenkonzepte werden mechanische Uhren nicht verdrängt, ganz im Gegenteil. Die Ästhetik der handwerklichen Herstellung und die Faszination mechanischer Innovation an Uhren sind die Aspekte, zu denen sich die Menschen hingezogen fühlen. Dies zeigt sich besonders an dem immer größeren Interesse an der Welt der Uhrensammler.

**Tipp für Einsteiger:** Dieser kurze geschichtliche Abriss zeigt bereits die wichtigen Themen auf, welche noch heute für die Uhrenindustrie zentral sind und die jeder Sammler und Investor kennen sollte.

1. Uhren sind sehr persönliche Gegenstände – sie ergänzen den Träger und senden eine Botschaft. Überlegen Sie, welche Botschaft Sie aussenden wollen.

2. Technische Neuerungen sind ein wichtiger Teil der Bedeutung und des Erfolgs einer Uhr. Je mehr innovative Technik, desto interessanter.

3. Verwendete Materialien sind ein wichtiger Teil der Bedeutung und des Wertes einer Uhr. Wenn eine Uhr aus besonders ungewöhnlichen Materialien besteht, ist sie meist sehr selten.

4. Die historische Verwendung einer Uhr bestimmt stark ihre heutige Wahrnehmung. Viele Uhrenhersteller nutzen zum Beispiel militärische Vorbilder oder Funktionsuhren wie Taucheruhren für neue Kollektionen und lassen sich vom Design inspirieren.

5. Quarzuhren sind in der Herstellung und Wartung deutlich billiger als mechanische Uhren. Gleichzeitig werden sie häufiger gebaut und haben oft einen geringeren Wert.

6. Smart Watches sind eine neue Kategorie von Uhren, es bleibt abzuwarten, wie sie in Zukunft bewertet werden.

7. Nutzen Sie Literatur über die Geschichte von Uhren im Allgemeinen und Uhrenmarken im Besonderen. Hier erfahren Sie viele Hintergründe, welche für das Verständnis besonders wichtig sind. Empfehlungen dazu folgen im Kapitel „Die Rolle der Marke".

## ARTEN UND KATEGORIEN VON UHREN

Der geschichtliche Abriss bringt uns direkt zu den Arten von Uhren, welche es heute gibt. Denn zahlreiche unterschiedliche Uhrenarten sind im Laufe der Geschichte hergestellt worden – heute sind (neben Groß- und Tischuhren, welche oft einen hohen dekorativen Wert besitzen und daher meist zu den Antiquitäten gezählt werden) hauptsächlich drei Kategorien von Bedeutung.

**Tipp für Einsteiger:** Sie kennen sich nun schon ein wenig mit Uhren und deren Geschichte aus. Welche Art von Uhr suchen Sie also? Was erwarten Sie von ihr und was wollen Sie mit ihr erreichen? Die wesentlichste Entscheidung wird sein, ob Sie eine ältere oder eine neuere Uhr kaufen wollen, davon hängen der Kaufprozess sowie auch die weitere „Beziehung" zu Ihrer Uhr in starkem Maße ab.

Im Folgenden möchte ich daher das breite Feld der Uhren, Funktionen und Marken, welches schon vorgestellt wurde, systematisieren, und zwar so, wie es für den Käufer und Sammler relevant ist.

Besonders drei Kategorien von Uhren, in welche sich letztendlich alle einordnen lassen, sind von Bedeutung – und haben sehr eigene Spielregeln, was das Kaufen, Tragen und Sammeln anbelangt. Eine wichtige Bemerkung zum Thema Kategorien: Es gibt natürlich sehr viele Uhren im Bereich der Fashion- und Casual-Uhren – allgemein Modeuhren, welche sich normalerweise im Preissegment bis 500 Euro bewegen. Diese sind für den Sammler meist weniger interessant und wir werden dieses Feld im Weiteren nicht beleuchten. Generell gilt hier die Regel, dass der intrinsische Wert der Uhren (sprich der Technik- und Materialwert) eher gering ist und man mehr für den Markennamen bezahlt. Gemeinsam ist diesen Uhren, dass einfache (Quarz-)Werke verwendet werden und keine Edelmetalle – angeboten von Modemarken, die nicht primär auf die Uhrmacherei spezialisiert sind oder keine etablierte uhrmacherische Geschichte haben. Modeuhren werden daher von Marken verkauft, die eher für ihren Ruf in der Modewelt als für ihre Expertise in der Herstellung von Uhren bekannt sind. Es gibt jedoch definitiv eine klare Trennung zwischen Modeuhren und Luxusuhren. Letztere werden im Allgemeinen von Unternehmen hergestellt, die eine lange Historie der Uhrenherstellung haben. Während bei einigen Luxusuhren Gold, Diamanten und andere Edelmetalle und Edelsteine zum Einsatz kommen, die den Wert erhöhen, verwenden die Hersteller auch High-End-Uhrwerke und fertigen ihre Uhren mit einem hohen Anteil an Handarbeit. Alle Luxusuhren sind individuell zuzuordnen und verfügen über eine Werknummer, welche meist im Werk eingraviert ist, in Kombination mit einer Gehäusenummer, welche dort zu finden ist. Beides zusammen macht eine Luxusuhr zu einem individuellen Gegenstand, welcher genau so vom Hersteller gefertigt wurde; die meisten Hersteller führen ein Archiv über diese Nummern und deren Zuordnung.

Die meisten Luxusuhrenmarken kommen aus der Schweiz. Sie stellen ihre Uhren „inhouse“ in limitierter Stückzahl her und verkaufen sie im exklusiven Einzelhandel. Sie sind in der Regel wertstabiler als andere Marken und auch bei Uhrensammlern und Prominenten begehrt.

Patek Philippe, Vacheron Constantin, Audemars Piguet, A. Lange & Söhne, Jaeger-LeCoultre, Cartier und Rolex sind einige der bekanntesten Luxusuhrenmarken, mehr dazu später.

## Moderne Uhren

Moderne Uhren sind zunächst jene Uhren, welche aktuell im Handel zu kaufen sind. Sprich: alle Uhren, die Sie bei einem Juwelier sehen, sind moderne Uhren. Grundsätzlich können moderne Uhren aber auch schon ein paar Jahre alt sein, zum Beispiel wenn es sich um nicht verkaufte Bestände handelt. Allgemein kann man annehmen, dass Uhren bis zu einem Alter von zehn Jahren moderne Uhren sind. Dafür spricht, dass der Produktlebenszyklus bei Uhren länger als bei anderen Produkten ist und die Uhren der letzten zehn Jahre oft viele Gemeinsamkeiten haben, was Technik und Aussehen betrifft.

Dadurch haben moderne Uhren meist die besten Eigenschaften, was Wartung und Erhalt anbelangt – es handelt sich ja vornehmlich um neue Uhren. Moderne Uhren entsprechen ebenfalls den gängigen Idealen, was Größe und Design anbelangt.

Moderne Uhren werden meistens im sogenannten *Primärmarkt* gehandelt. Das ist der Markt, in welchem man als Kunde direkt vom Hersteller oder einem Intermediär (wie beispielsweise ein Juweliergeschäft) eine Uhr erwerben kann. Diese hat volle Herstellergarantie und wird neu und originalverpackt mit allen Unterlagen geliefert (welche das sind, besprechen wir später). Natürlich kann man moderne Uhren auch gebraucht kaufen, man spricht dann vom jungen Sekundärmarkt. Auch hier gilt, dass moderne Uhren in Sachen Zustand meist einfacher zu beurteilen und untereinander gut zu vergleichen sind.

Moderne Uhren sind als solche eine sichere Sache und eignen sich gut für Einsteiger – in jedem Preissegment. Man kauft zudem meist in einer sicheren Umgebung ein.

**Tipp für Einsteiger:** Über moderne Uhren gibt es reichlich Informationen – und besonders sicher wird der Kauf im Primärmarkt, da hier die Herstellergarantie greift und man gegen Produktionsfehler abgesichert ist. Für einen Erstkauf bieten sich moderne Uhren also grundsätzlich erst einmal uneingeschränkt an.

## Vintage-Uhren und Neo-Vintage-Uhren

Es gibt keine strenge Definition oder Norm dafür, wie alt eine Uhr sein muss, um als *Vintage* zu gelten, aber man kann dies ein wenig eingrenzen: Zunächst einmal darf die Uhr nicht mehr im Handel (also im Primärmarkt) als Neuware verfügbar sein. Dies sind definitiv moderne Uhren. Dann sollte bereits eine gewisse Zeit vergangen sein, seitdem die Uhr im Handel verfügbar war, die Uhr ist in der Regel zwischen 20 und 80 Jahre alt. Uhren zwischen 10 und 20 Jahren werden oft als „Neo-Vintage" bezeichnet. Eine Uhr, die älter als 80 Jahre ist, wird meist als antik bezeichnet. Vintage-Uhren werden im *Sekundärmarkt* gehandelt.

Warum nun soll man alte – technisch oft veraltete – Uhren kaufen? Die Gründe sind so vielfältig wie die Sammler, die Vintage-Uhren schätzen – aber man kann die Gründe in vier Punkten zusammenfassen.

1/// Zunächst einmal sind die *Auswahl* und *Vielfalt* um ein Vielfaches größer als bei modernen Uhren. Ebenso werden die möglichen Sammlerthemen breiter und ebenso die Kaufpreise – nach oben und nach unten. Denn eine Vintage-Uhr hat nicht mehr nur einen festen Preis, sondern der Preis kann stark variieren, je nach Zustand, Vollständigkeit und Provenienz.

2/// Vintage-Uhren sind *selten,* besonders solche in gutem oder ausgezeichnetem Zustand. Und seltene Objekte sind immer besonders attraktiv.

3/// Vintage-Uhren verbinden oft eine *interessante Geschichte* mit einem *tatsächlichen, praktischen Zweck* oder einer *historischen Bedeutung.* Uhren wurden oft für das Militär gemacht, für Astronauten, Unterwasserforscher, Piloten, Ärzte, Rennfahrer et cetera. Dies bewegt und interessiert die Menschen seit jeher und lässt sie an den damit verbundenen Ereignissen teilhaben.

4/// Vintage-Uhren sind oft *wertstabiler* als moderne Uhren (die Preisfindung im Sekundärmarkt ist weiter fortgeschritten, da diese Uhren schon mehrfach gehandelt wurden und sich so Preise besser etablieren konnten) und haben das Potenzial, weiter an Wert zu gewinnen. Daher sind sie in der Regel ein gutes Investment, wenn sie mit Bedacht gekauft werden.

Gerade der letzte Punkt ist für viele Sammler und Investoren entscheidend, daher möchte ich noch kurz auf die Kriterien eingehen, welche eine Vintage-Uhr zu einem Sammler- und Investitionsobjekt machen können.

1/// Seltenheit: Nur sehr wenige Vintage-Uhren haben die Zeit überdauert und noch weniger sind derzeit im Sekundärmarkt erhältlich. Außerdem gibt es weltweit eine wachsende Zahl von Sammlern und das Angebot an Vintage-Uhren wird von Jahr zu Jahr knapper. Ein weiterer wichtiger Aspekt der Seltenheit ist heute der Zustand. Eine Vintage-Uhr in sehr gutem Zustand zu finden, mit allen Originalteilen und ohne jemals aufgearbeitet worden zu sein (oder wenn doch, dann zumindest sehr gut), ist heute fast unmöglich.

2/// Ansteigende Nachfrage: Durch die wachsende Zahl von Sammlern und die Verknappung von hochwertigen Vintage-Uhren steigt die Nachfrage stetig, was den Sammlerwert erhöht.

3/// Historische Information: Die Existenz von herstellergeführten Aufzeichnungen ist für den Wert einer Uhr zentral. Denn in der Lage zu sein, herauszufinden, wann und warum und wie viele Uhren von einem bestimmten Modell hergestellt wurden, ist entscheidend für ihre grundlegende Sammelbarkeit – man denke nur daran, dass Seltenheit den Preis stark mitbestimmt, aber man muss natürlich wissen, was genau wie selten wirklich ist. Im Wesentlichen sind Marken wie Patek Philippe, Audemars Piguet, TAG Heuer, IWC und Omega führend beim Schutz ihres Erbes, indem sie Aufzeichnungen führen und zugänglich machen. Dies führt zu einer grundlegenden Wertstabilisierung der betreffenden Marken. Die Ausnahme von der Regel ist dabei Rolex, das seine Aufzeichnungen nicht zur Verfügung stellt und sich oft ganz aus dem Sekundärmarkt heraushält.

4/// Die Geschichte der Uhr: Uhren mit einer historischen Bedeutung, ihrem ursprünglichen Verwendungszweck oder einer Herkunft aus dem Besitz einer wichtigen Person sind für Sammler oft von großem Wert. Bei Vintage-Uhren haben viele der ikonischen Modelle eine wirklich interessante Geschichte, die mit diesen Modellen in Bezug auf ihre Entwicklung und ihren Einfluss auf die Industrie verbunden ist. Dies ist im Wesentlichen der Grund, warum wir heute so viele moderne Kollektionen unter den Uhrenmarken sehen, die Vintage-Neuauflagen von historischen Modellen enthalten. Diese sind nämlich ein probates Mittel, die Geschichte der Vergangenheit zu transportieren, was ihren Wert in den Augen der Uhrenliebhaber meist stark erhöht.

Eine wichtige Unterscheidung in diesem Bereich sind Neo-Vintage-Uhren, also Uhren, welche sich gerade in der Übergangsphase von modern zu klassisch befinden und ebenfalls im Sekundärmarkt gehandelt werden. Das bedeutet, dass eine Uhr, die als Neo-Vintage betrachtet werden kann, typischerweise sowohl Aspekte von Vintage-Uhren als auch modernen Uhren beinhaltet, zum Beispiel Vintage-Elemente aus einer Design- oder Komplikationsperspektive, während gleichzeitig moderne Uhrmachertechnologie verwendet wurde.

Ebenso lässt sich an diesen Übergangsuhren oft besonders gut eine technische Weiterentwicklung erkennen, denn in der Regel sind bei diesen Uhren erstmals fortschrittliche Materialien sowie ein gestraffter und mechanisierter Herstellungsprozess während der Produktion zum Einsatz gekommen – jene Dinge, die bei modernen Uhren zum Standard geworden sind.

Dies macht „Neo-Vintage"-Referenzen zu interessanten Sammler- und auch Einsteigerobjekten: Sie werden begehrenswert bleiben, da sie derzeit im Markt zugänglich, interessant und auch funktional sind – gleichzeitig sind die Preise häufig noch nicht so stark gestiegen wie bei vielen Vintage-Referenzen und die Bandbreite der verfügbaren Uhren ist deutlich größer.

**Tipp für Einsteiger:** Vintage-Uhren sind ein komplexes Thema für sich – unterschätzen Sie dies niemals! Die Wertschwankungen können aufgrund kleiner Unterschiede im Zustand groß sein. Zudem gibt es zahlreiche Uhren, welche „verbaut" wurden (sprich mit nicht originalen Teilen ergänzt) oder gar gefälscht sind. Informieren Sie sich daher sehr umfassend vor einem Kauf und achten Sie auf seriöse Quellen. Generell sind Vintage-Uhren für einen Einstieg daher nur bedingt empfehlenswert.

## Taschenuhren

Taschenuhren sind ein *vollkommen eigenständiges Thema*, dieses Buch erwähnt sie aber dennoch kurz der Vollständigkeit halber. Taschenuhren haben (wie Sie bereits erfahren haben) eine viel längere Tradition als Armbanduhren, sind aber spätestens seit Ende des 2. Weltkrieges immer mehr aus der Mode gekommen – erst schleichend, spätestens ab den 1990er-Jahren immer schneller. Damit einhergehend sind auch die Preise immer weiter gesunken, heute erzielen nur noch wirklich seltene und technisch außerordentlich komplizierte Taschenuhren hohe Preise. Da die Produktionsmengen bis zum Beginn des 20. Jahrhunderts gerade bei den wertvollen Taschenuhren häufig sehr gering waren, sind diese Exemplare heute selten und meistens nur noch auf Auktionen zu finden. Auf der anderen Seite gibt es ein großes Angebot an günstigen Taschenuhren, gerade aus amerikanischer oder deutscher industrieller Produktion, welche meist nur über einfache Werke und Gehäuse verfügen und dementsprechend wenig kosten, oft unter 100 Euro. Insofern sprechen wir hier entweder von einem hoch spezialisierten Sammlerthema mit sehr hohen Kaufpreisen und schwierigem Einstieg oder aber von leicht verfügbarer „Flohmarktware".

Eine Taschenuhr kann jedoch auch heute noch ein charmanter Begleiter zu einem bestimmten Anlass sein, zum Beispiel bei einer formellen Veranstaltung. Mit der heute neu erwachenden Liebe zur Retro-Mode aus allen Epochen ist es daher kein Wunder, dass die Beliebtheit von Taschenuhren wieder zunimmt. Auch bauen vereinzelt noch Hersteller moderne Taschenuhren, wie beispielsweise Patek Philippe oder Audemars Piguet. Hier sind die aufgerufenen Preise im Primärmarkt allerdings sehr hoch und das Potenzial nach oben ist recht begrenzt.

Unabhängig davon, ob Sie eine neue oder eine antike Taschenuhr kaufen wollen, gibt es jedoch ein paar praktische Überlegungen, die Sie vor dem Kauf beachten sollten. Taschenuhren werden primär nach der Art ihres Gehäuses klassifiziert, aber Sie sollten auch über die Art des Uhrwerks mit seinen Funktionen und die Kette, mit der die Uhr getragen und befestigt wird, nachdenken.

Es gibt drei Typen von Taschenuhren:

**/// *Savonette-Gehäuseform (Englisch: Full Hunter)* ///**

Ein Savonette-Gehäuse hat einen massiven Boden, der die Mechanik und das Zifferblatt hält. Der Deckel der Taschenuhr ist mit einem Federscharnier versehen. Er dient nicht nur als dekorative Abdeckung, sondern schützt die Uhr auch vor Kratzern, Staub und anderen Verschmutzungen. Bei traditionellen Savonette-Gehäusen befinden sich die Scharniere bei der 9-Uhr-Position, bei moderneren Taschenuhren jedoch häufig auch bei der 6-Uhr-Position.

Savonette-Taschenuhren müssen geöffnet werden, um die Zeit ablesen zu können. Um eine Savonette-Taschenuhr zu öffnen, drücken Sie auf die Krone (Aufzugsknopf), um den Riegel zu öffnen. Achten Sie beim Schließen darauf, dass Sie den Deckel nicht zu fest zuschnappen lassen, da sonst der Riegel schneller abgenutzt werden könnte. Am besten drücken Sie auch beim Schließen der Uhr die Krone hinunter und lassen die Uhr so sanft einrasten.

/// ***Halbsavonette-Gehäuseform (Englisch: Half Hunter)*** ///

Eine Halbsavonette-Taschenuhr macht es überflüssig, den Deckel der Taschenuhr vollständig zu öffnen, um die Zeit abzulesen. Ein kreisförmiger Ausschnitt mit Blick auf Zeiger und Zifferblatt befindet sich in der Mitte des Deckels und ermöglicht so ein schnelles Ablesen der Zeit.

/// ***Lepine-Gehäuseformen (Englisch: No Hunter)*** ///

Einige Taschenuhren sind im offenen Stil gehalten und haben keinen Gehäusedeckel auf der Vorderseite. Das Zifferblatt dieser Uhren ist oft stärker verziert mit aufwendigen Stundenmarkierungen und Zeigern.

Bedeutende Taschenuhren wurden besonders von Patek Philippe, Audemars Piguet, Breguet sowie einigen englischen Herstellern gebaut. Sie zeichnen sich meistens durch besonders viele verbaute Komplikationen, eine bedeutende Provenienz (Könige, Päpste, Unternehmer, Filmstars et cetera), wertvolle verwendete Materialien (wie Cloisonné-Malerei, Diamanten, Edelsteine et cetera) und einen Einzelstückcharakter aus.

**Tipp für Einsteiger:** Wie schon erwähnt sind Taschenuhren ein Thema für sich. Ich würde hier zur Zurückhaltung beim Kauf raten, wenn man sich nicht gut auskennt, außer die Uhr gefällt einem wirklich gut und sie ist für die eigene Verwendung gedacht. Einen guten ersten Einblick in das Thema bietet diese Literatur:

Meis, Reinhard (1999): Taschenuhren – Von der Halsuhr bis zum Tourbillon, 5. Auflage, München: Callwey.

Leiter, Alfred / Helfrich-Dörner, Alma (1978): Email-Uhren. Kostbarkeiten unter den Taschenuhren. Zur Technik und Geschichte der Email-Malerei, Kornwestheim: Minner-Verlag.

## DIE ROLLE DER MARKE

Sie haben bereits viel über Uhren und deren Technik beziehungsweise die verschiedenen Arten von Uhren erfahren. Ein für das Verständnis von Uhren als Sammel- und Investitionsthema zentraler Punkt fehlt aber bisher – nämlich die Rolle der Marke.

Uhren haben sich immer mehr von ihrer reinen Funktionalität gelöst und sind zu *Markenprodukten* geworden – sprich, die Marke ist Teil dessen geworden, was sie mitkaufen, und zu einem untrennbaren und stark wertbestimmenden Teil einer Uhr. Viele Uhrenenthusiasten sammeln Uhren deswegen, weil sie von einem bestimmten Hersteller sind. Andersherum kann es sein, dass gerade, wenn zwei Vintage-Uhren technisch praktisch identisch sind, aber unterschiedliche Namen auf den Zifferblättern stehen, die Marke einen großen Unterschied macht – in Form eines immensen Preisunterschieds, wenn zum Beispiel anstelle von „Movado" „Rolex" auf dem Zifferblatt steht. Infolgedessen sollte die Betrachtung der Marke beim Kauf einer Uhr eine zentrale Position einnehmen – wie Sie sehen werden, ist die Auswahl der Marke ein wesentlicher Teil der Kaufentscheidung.

Was ist nun diese Marke? Der erste wesentliche Aspekt einer Marke ist das *Produktversprechen*, welche diese liefert. So wurden Marken etabliert, um dem Käufer bestimmte Werte, welche eine Marke für sich in Anspruch nimmt und die sie in sich trägt, leichter vermitteln zu können. Dies können zum Beispiel ein besonderes Qualitätsversprechen, eine spezifische Ästhetik, ein besonders attraktives Preis-Leistungs-Verhältnis oder aber auch die Verwendung von besonders wegweisenden Technologien sein. Für all diese Beispiele gibt es Uhrenmarken, welche diese Versprechen in ihre Marke integriert haben und so transportieren. Der zweite wesentliche Aspekt einer Marke ist deren *Geschichte* sowie deren Anspruch, diese *Geschichte zu transportieren und neu zu interpretieren*. Auch dies tun Uhrenhersteller ausgiebig, um dem Kunden zu erklären, warum er eine Uhr ebendieser Marke kaufen soll. Und nicht zuletzt ist eine Marke auch ein *soziales Versprechen*, sprich ein *Statussymbol*, wenn die Marke zum Beispiel sehr wenige Uhren baut und diese zu einem hohen Preis verkauft. In neuester Zeit ist hinzugekommen, dass eine Marke auch ein Wertversprechen ist: Uhren bestimmter Marken sind werthaltiger als Uhren anderer Marken. Aktuell bestimmen besonders die Marken Patek Philippe, Audemars Piguet und Rolex diesen Wertaspekt.

Das Thema Marke ist komplex, da die Marke über zahlreiche Aspekte auf Wert und Wahrnehmung durch den Markt Einfluss nimmt – ein spannendes Thema. Falls Sie sich mehr damit beschäftigen wollen, siehe Literaturhinweise im folgenden Kapitel.

In den nächsten beiden Kapiteln möchte ich kurz einige wichtige traditionelle sowie junge, aufstrebende Marken vorstellen, welche man kennen sollte, wenn man sich für Uhren interessiert.

**Tipp für Einsteiger:** Beschäftigen Sie sich ausführlich mit den Marken, welche Sie interessieren, denn die Marke erklärt viel von dem, was eine Uhr heute darstellt. Verwenden Sie am besten neben Internetquellen wie den Websites der Marken oder Magazine auch Bücher über die Geschichte einer Marke – je reichhaltiger die Informationsbasis, desto objektiver der Erkenntnisgewinn.

## Wichtige traditionelle Uhrenmarken

Traditionelle Uhrenmarken sind oft schon seit vielen Jahrzehnten (oder sogar Jahrhunderten) aktiv oder können zumindest eine lange Geschichte vorweisen. Diese ist meist sehr zentral für das Markenimage und die Art, wie ein Hersteller seine Uhren definiert und in Szene setzt. Die folgende Auswahl stellt die wichtigsten Marken mitsamt einer kurzen Bewertung vor.

### A. Lange & Söhne

Die Geschichte der Manufaktur A. Lange & Söhne begann vor mehr als 170 Jahren. Ferdinand Adolph Lange gründet am 7. Dezember 1845 die Glashütter Uhrenmanufaktur „Lange & Cie.". Nach seiner Lehre beim berühmten Hofuhrmacher Johann Christian Friedrich Gutkaes macht sich Lange auf den Weg in die damalige Uhrenmetropole Paris, um sein Können bei der berühmten Chronometer-Manufaktur Winnerl zu perfektionieren.

Ferdinand Lange gilt als Pionier des Uhrenbaus. Er entwickelt völlig neue Präzisionswerkzeuge, Messinstrumente und Fertigungsmethoden. Zu seinen Verdiensten gehört die Einführung des metrischen Systems, bei dem der Millimeter die kleinste Maßeinheit in der Uhrmacherei ist, anstelle des üblichen Pariser Strichs. Dies ist einer von mehreren Standards, die auch heute noch gelten. Bald galten die Lange-Chronometer als das Beste, was die Weltuhrenszene zu bieten hatte. Mehr als 30 Uhrenpatente meldete das innovative Unternehmen bis 1948 an. 1851 präsentierte Ferdinand Adolph Lange auf der Weltausstellung in London seine in Glashütte gefertigten Uhren zum ersten Mal – mit riesigem Erfolg. 1868 wurde die Manufaktur in „A. Lange & Söhne" umbenannt. 1871, mit dem Eintritt des jüngeren Sohnes Emil Lange, begann die nachhaltige Blüte der Uhrmacherei. Glashütte wurde dank Lange zum Zentrum der deutschen Präzisionsuhrmacherei und konkurrierte bereits zu dieser Zeit mit den etablierten Schweizer Uhrmachern. Bereits während des Ersten Weltkriegs produzierte die Firma A. Lange & Söhne hochwertige Zeitmesser für die deutsche Marine. Mitte der 1930er-Jahre und während des Zweiten Weltkriegs musste die Firma Taschenuhren und funktionale Armbanduhren (Fliegeruhren) für die Soldaten sowie für das Führerhauptquartier produzieren. Laut der Fachzeitschrift „Klassik Uhren" trugen neben Himmler auch Propagandaminister Joseph Goebbels, der Architekt Albert Speer sowie hochrangige SS- und Wehrmachtsgeneräle solche Armbanduhren.

Die nach dem Kriegsende im Westen von den Enkeln eröffnete Uhrenfabrik „Lange vorm. Glashütte“ (die Manufaktur in Glashütte ging im Uhrenkombinat GUB auf) hatte nicht die Möglichkeiten der einstigen Manufaktur und stellte ihre Uhren mit zugekauften Uhrwerken her. Erst nach der Neugründung des Unternehmens durch Langes Urenkel Walter Lange im Jahr 1990 entwickelt die jetzige Lange Uhren GmbH wieder eigene Uhrwerke und Armbanduhren; selbstverständlich weiterhin unter dem Markennamen A. Lange & Söhne.

Die ersten neuen Luxusuhrenmodelle stellte das Unternehmen 1994 vor. Es handelte sich dabei um die Modelle Lange 1, Tourbillon „Pour le Mérite“, Saxonia und Arkade. Seit 2001 gehört A. Lange & Söhne zu dem Luxusgüterkonzern Richemont. Mit der Odysseus hat A. Lange & Söhne im Jahr 2019 die erste sportliche Edelstahluhr der Marke eingeführt und damit eine heutzutage wichtige Lücke im Sortiment geschlossen.

*Bewertung: A. Lange & Söhne ist gewiss die bedeutendste deutsche Uhrenmanufaktur – und stellt sowohl qualitativ als auch ästhetisch herausragende Uhren her. Die Einstiegspreise im Primärmarkt sind hoch, die Preise im Sekundärmarkt haben sich in den letzten Jahren eher schwach entwickelt. A. Lange & Söhne bietet einen spannenden Sammlerkosmos mit vielen Sondermodellen – man sollte jedoch überlegen, eher im Sekundärmarkt zu kaufen, da hier viele Modelle besser verfügbar sind. A. Lange ist eine sehr „deutsche“ Marke mit etwas begrenzter Bekanntheit.*

## Audemars Piguet

Audemars Piguet ist das einzige Schweizer Traditionsunternehmen der Uhrenindustrie, das sich auch nach 140 Jahren noch in Familienbesitz befindet. Die Gründerväter Jules-Louis Audemars und Edward-Auguste Piguet stammten beide aus traditionsreichen Uhrmacherfamilien, die seit Generationen im Schweizer Ort Le Brassus in der Vallée de Joux ansässig waren. Beide absolvierten eine Ausbildung zum Uhrmacher und gründeten 1875 das Familienunternehmen. Audemars begeisterte sich für innovative Uhrwerke und übernahm die technische Leitung, während Piguet sich den kaufmännischen Aufgaben widmete und eine der ersten Uhrmacher-Vertriebsniederlassungen in Europa und Amerika eröffnete.

Ab 1881 konzentrierte sich die Firma „Audemars, Piguet & Compagnie“ auf die Herstellung hochwertiger Taschenuhren, wobei das Hauptaugenmerk auf der Fertigung unter eigenem Namen und nicht für andere Marken lag. Seit den frühen Jahren des 20. Jahrhunderts konzentrierte sich das Unternehmen auf die Herstellung hochwertiger Luxus-Armbanduhren und präziser Chronographen, unter anderem auch für das Militär. Im Jahr 1972 stellt Audemars Piguet sein wohl bekanntestes Modell, die Royal Oak, vor. Das damals als erste Luxus-Sportuhr der Welt beworbene Modell machte unter anderem durch sein auffälliges Design mit verschraubter achteckiger Lünette auf sich aufmerksam. Die Royal Oak wurde nicht nur zum Trendsetter für Luxus-Sportuhren, sondern gilt auch heute noch als Klassiker unter den Herrenuhren der Manufaktur. Die Vintage-Royal-Oak-Modelle der ersten Serie sind heute sehr gesuchte Sammlermodelle.

Auf die Royal Oak folgte 1992 die ebenfalls extrem erfolgreiche Royal Oak Offshore, eine größere und etwas dickere Variante der ursprünglichen Royal Oak. Der Erfolg dieses Modells kann unter anderem auf seine Beliebtheit bei Stars wie Arnold Schwarzenegger oder Shaquille O’Neal zurückgeführt werden. Beide ließen sich Sondereditionen der Offshore anfertigen.

Neben den Erfolgen mit seinen Armbanduhr-Modellen kann sich das Unternehmen auch bei seinen technischen Entwicklungen sehen lassen. So entwickelte es zum Beispiel 1986 das zu der Zeit flachste Uhrwerk mit Tourbillon und automatischem Aufzug.

*Bewertung: Audemars Piguet ist nach wie vor eine unabhängige Manufaktur mit technisch und ästhetisch wegweisenden Uhren. Die Uhren von Audemars Piguet, allen voran Uhren aus der Royal-Oak- und der Royal-Oak-Offshore-Reihe, sind ein absolutes Muss für Uhrenenthusiasten. Die Marke Audemars Piguet zählt zu den bekanntesten und begehrtesten Marken überhaupt mit vielen legendären Modellen mit sehr guter Wertbasis. Insgesamt eine gute Marke für Investition und Sammlertum.*

## Chopard

Das Schweizer Uhrenunternehmen Chopard wurde 1860 von dem Handwerker Louis-Ulysse Chopard in Sonvilier gegründet. Chopards Taschenuhren erfreuten sich schon bald großer Beliebtheit und wurden auch außerhalb der Schweiz eingekauft, beispielsweise in Osteuropa und Russland. Im Jahr 1921 wurde der Firmensitz von Chopards Sohn Paul Louis Chopard nach La Chaux-de-Fonds verlegt. 1937 folgte ein weiterer Umzug nach Genf, wo das Unternehmen bis heute ansässig ist. Seit 1963 ist Chopard im Besitz der deutschen Familie Scheufele.

Seit der Übernahme von Chopard durch den Juwelier Karl Scheufele und seine Frau Karin Scheufele hat sich das Unternehmen zu einer der Top-Marken unter den Schmuck- und Uhrenherstellern entwickelt und macht unter anderem durch seine neuen Designideen auf sich aufmerksam – zu den wohl bekanntesten gehört die 1976 vorgestellte Happy-Diamonds-Kollektion.

Seit 1996 betreibt das Unternehmen eine eigene Uhrenmanufaktur in Fleurier und stellt dort seine hochwertigen L.U.C.-Uhrwerke für klassische mechanische Uhren her. Die Abkürzung L.U.C steht dabei für den Namen des Unternehmensgründers. Die L.U.C.-Uhrwerke von Chopard sind allesamt als Chronometer zertifiziert und werden in unterschiedlichen Ausführungen mit verschiedenen Komplikationen hergestellt.

*Bewertung: Chopard hat in Qualität und Ästhetik deutlich hinzugewonnen, seit die Marke ihre eigenen Werke baut. Dennoch ist Chopard nach wie vor eher eine Nischenmarke mit geringerer Bekanntheit und eher schlechter Wertposition. Die Uhren fallen im Sekundärmarkt oft etwas weiter zurück.*

## Cartier

Im Jahr 1847 übernahm Louis-François Cartier die Goldschmiedewerkstatt seines Meisters, die sich in Paris befand. Mit dieser Übernahme wurde der Grundstein der Cartier-Uhren sowie der Cartier-Schmuckstücke gelegt. 1888 wurde die erste Uhr für Damen gefertigt. 1902 eröffnete Cartier eine Boutique in London.

1904 entstand eine Uhr, die mit einem Lederarmband am Handgelenk getragen werden kann. Diese Uhr wurde für einen Freund der Familie Cartier entwickelt, der sich der Fliegerei verschrieben hatte: Louis Cartier erschuf für Alberto Santos Dumont eine Stahluhr, welche heute ikonisch ist und seit 1911 seinen Namen trägt.

Ein weiteres Highlight wurde 1906 entwickelt, die erste Tonneau-Armbanduhr. 1909 meldete Cartier das Patent für die Faltschließe an Armbanduhren an. Bis zu diesem Zeitpunkt hatte sich Cartier an etlichen Königshäusern zum Hoflieferanten gemausert.

Fortan werden fast jährlich neue Uhren erschaffen und gestaltet. Cartier wird an immer weiteren Herrschaftshäusern zum Hoflieferanten und tritt seinen Vormarsch in die ganze Welt an. Die Schmuckstücke und Uhren aus dem Hause Cartier werden von immer mehr Königshäusern geschätzt. Verschiedene Patente und Fertigungstechniken stärken den Ruf, der Cartier vorauseilt. Es werden weitere Schmuckboutiquen rund um die Welt eröffnet. Heute gehören Lederwaren, Schmuck, Uhren sowie verschiedenste weitere Accessoires zur Produktpalette.

*Bewertung: Cartier ist gerade im Vintage-Bereich eine feste Größe mit vielen spannenden Uhren und Investmentmöglichkeiten. Die aktuelle Kollektion verliert dagegen leicht – wobei sich viele Designklassiker hier erhalten haben und weiterentwickelt wurden. Insgesamt eher im Sekundärmarkt interessant, hier jedoch mit guten Wertpotenzialen.*

## Jaeger-LeCoultre

Das Unternehmen LeCoultre wurde im Jahr 1833 von den Brüdern Charles Antoine und Ulysse LeCoultre im Schweizer Hochtal Vallée de Joux gegründet. Schon zu seiner Anfangszeit profilierte sich LeCoultre auf dem Uhrenmarkt mit der Entwicklung neuer Fertigungsverfahren und Uhrwerkstechniken. Im Jahr 1888 beschäftigte die Manufaktur bereits 500 Mitarbeiter und produzierte täglich 40 Uhren. Gegen Ende des 19. Jahrhunderts belieferte man die bereits berühmte Manufaktur Patek Philippe mit einfachen Werken und Komplikationskalibern. Ab 1890 begann die Manufaktur mit der Produktion von sogenannten großen Komplikationen, also Zeitmessern, die mindestens drei wichtige uhrmacherische Funktionen enthalten.

Seinen aktuellen Namen trägt das Unternehmen erst seit der Fusion mit seinem Partnerunternehmen Jaeger im Jahr 1937. Seit 2000 gehört Jaeger-LeCoultre zum Schweizer Luxusgüterkonzern Richemont.

Das Ansehen des Unternehmens ist nicht zuletzt zurückzuführen auf seine langjährige Erfahrung im Bereich der Uhrwerksproduktion. Jaeger-LeCoultre stellte alle in seinen Uhren verwendeten Uhrwerke von Anfang an selbst her. Bis 1890 bot das Unternehmen bereits 125 verschiedene Uhrwerke mit verschiedenen kleinen Komplikationen an. Ab 1891 wurden noch komplexere Uhrwerke mit mehreren Komplikationen, wie unter anderem Chronographen, Repetition oder Kalenderfunktion entwickelt. Von 1902 bis 1932 stammten viele Uhrwerke des Luxusuhrenherstellers Patek Philippe von LeCoultre.

Im weiteren Verlauf seiner Geschichte erzielte Jaeger-LeCoultre mit der Entwicklung neuer innovativer Uhrwerke beachtliche Erfolge. 1903 wurden von der Manufaktur extrem flache Werke mit einer Höhe von 1,38 mm in der kleinsten Ausführung, 2,8 mm in der Chronographen-Ausführung und 3,2 mm in der Ausführung mit Repetierfunktion vorgestellt. Darauf folgt 1929 das kleinste mechanische Uhrwerk der Welt, das Kaliber 101. Weitere bekannte Entwicklungen des Unternehmens sind das Modell Reverso mit Art-déco-Design und Wendegehäuse (1931), die Futurematic (1951) als weltweit erste Automatikuhr ohne Krone und der erste Armbandwecker mit automatischem Aufzug (1956).

Auch in der jüngeren Zeit macht Jaeger-LeCoultre mit besonderen Konstruktionen auf sich aufmerksam. Zu nennen ist hier die Entwicklung des Gyrotourbillons aus dem Jahr 2004, welches sich, im Gegensatz zu den bisherigen Tourbillons, nicht um eine, sondern um zwei Achsen dreht und somit die Bewegungen des Trägers und unterschiedliche Lagen noch besser ausgleichen kann. Eine weitere nennenswerte Innovation ist der Chronograph Duomètre (2007), der über zwei separate mechanische Antriebe mit zwei Räderwerken verfügt, die über ein gemeinsames

Regulierorgan miteinander verbunden sind. Diese Konstruktion erhöht die Genauigkeit des Chronographen.

*Bewertung: Jaeger-LeCoultre hat eine sehr breite Kollektion an Uhren und bietet eigenständige, technisch sehr gute Uhrwerke in einer insgesamt eher zurückhaltenden Ästhetik. Sehr gute Uhren für den Alltagsgebrauch und zum Tragen, eher begrenztes Wertpotenzial durch die sehr breite Kollektion. Nur wenige Modelle haben in den letzten Jahren signifikant an Wert gewonnen. Viele besonders auch technisch interessante Vintage-Uhren zu noch eher moderaten Preisen.*

## Omega

Der Schweizer Uhrenhersteller Omega kann auf eine mehr als 170-jährige Firmengeschichte zurückblicken. Im Jahr 1848 eröffnete Louis Brandt in La Chaux-de-Fonds eine Uhrenfabrik. Zunächst trugen die hier gefertigten Uhren den Namen Louis Brandt. Die Produktion wurde nach dem Tod des Firmengründers von seinen Söhnen nach Biel verlegt. Dort wurde die industrielle Fertigung von Uhren aus Einzelteilen aufgenommen.

Im Jahr 1898 wurden von Louis Brandt & Frère über 500 Mitarbeiter beschäftigt, die zu diesem Zeitpunkt schon insgesamt 100.000 Uhren gefertigt hatten. Der Name Omega wurde erstmalig 1894 verwendet. In diesem Jahr wurde eine Taschenuhr vorgestellt, die diesen Namen trug. Im griechischen Alphabet ist der Buchstabe Omega der letzte Buchstabe – metaphorisch bedeutet dies so viel wie Vollendung und da diese Omega-Taschenuhr als vollendet angesehen wurde, übernahm man das Omega als Namen und Markenzeichen. Im Jahr 1902, nachdem die Gebrüder Brandt verstorben waren, übernahmen deren Kinder die Leitung.

Unter deren Regie erarbeitete sich Omega einen besonderen Ruf für den Bau von Uhren für spezielle Einsatzbereiche. So kamen Omega-Uhren beim Sport, beim Tauchen und in der Fliegerei zum Einsatz. Die Zusammenarbeit mit Tissot und Le Locle begann im Jahr 1925. Heute gehört der Hersteller der Omega-Uhren zur Swatch Group, dem weltgrößten Uhrenkonzern.

Obwohl Omega-Uhren eher im oberen Preissegment angesiedelt sind, erfreuen sich die Modelle der Marke einer großen Beliebtheit. Eines der beliebtesten ist die Speedmaster. Diese Uhren gelten trotz – oder wegen – ihres einfachen und klaren Designs als Liebhabermodelle. Seit die Apollo-11-Mission eine Omega Speedmaster auf dem Mond getragen hatte, wird dies vom Unternehmen medial und mit zahlreichen limitierten Editionen in Szene gesetzt.

*Bewertung: Omega ist einer der größten Hersteller von Schweizer Luxusuhren und erfreut sich großer Bekanntheit und Beliebtheit sowohl bei modernen Uhren als auch bei Vintage-Uhren. Das Preisniveau ist auch im Primärmarkt realistisch, viele Uhren sind zudem recht wertstabil. Omega hat viele Spezialthemen belegt – so gehört die Speedmaster zu den begehrtesten Uhrenmodellen überhaupt, mit teilweise sehr hohen Preissteigerungen auch in jüngster Zeit.*

## IWC (International Watch Company)

Der Schweizer Uhrenhersteller IWC (International Watch Company) wurde vom US-amerikanischen Uhrmacher Florentine Ariosto Jones gegründet. Dieser wanderte um 1856 von Boston nach Schaffhausen aus. F. A. Jones wollte technisch möglichst gute mechanische Uhren bauen und das weit weg von den Uhrenzentren in der westlichen Schweiz. Zudem fand er in Schaffhausen Uhrmacher, die zu diesem Zeitpunkt bereits auf eine lange Tradition zurückblicken und enormes handwerkliches Geschick vorweisen konnten. Sein Geschäftspartner Johann Heinrich Moser hatte ein System erfunden, mit dem sie die Wasserkraft des Rheins für industrielle Zwecke nutzen und die mechanisierte Uhrenproduktion starten konnten. Ein Jahr später war die Schaffhauser Manufaktur bereits in der Lage, 10.000 Uhren für den amerikanischen Markt zu produzieren. Die Erhöhung der Einfuhrzölle in die USA zwang IWC jedoch, nach anderen Absatzmärkten zu suchen. IWC stieg in das Geschäft mit Juweliersuhren ein, vor allem in Deutschland. Die Kernprodukte von IWC waren Armbanduhren, aber auch immer präzisere Fliegeruhren, die über den Fliegerjacken getragen werden konnten.

Die Portugieser ist nicht nur eine der ältesten Uhren von IWC Schaffhausen, sondern wohl auch die prestigeträchtigste – das Prunkstück der IWC-Uhrenkollektion. Sie enstand im Jahr 1930, als zwei portugiesische Kaufleute bei der International Watch Co. Armbanduhren mit der Genauigkeit von Marinechronometern in Auftrag gaben. Die Uhrmacher des Unternehmens verwendeten ein Taschenuhrkaliber und bauten es in Stahlgehäuse ein. Das war die Geburtsstunde der Portugieser, eine der beliebtesten Uhren im gehobenen Uhrensegment. Die Portugieser-Kollektion ist im Laufe der Jahre stetig gewachsen.

*Bewertung: IWC zeichnet sich vor allem durch eine schlichte Ästhetik sowie einen eher technisch anmutenden Auftritt aus. Die Marke hat eine recht breite Modellpalette – was die Wertstabilität, gerade von weniger beliebten Modellen, ein wenig vermindert. Die Uhren fallen im Sekundärmarkt oft etwas weiter zurück.*

## Piaget

Piaget wurde 1874 vom 19-jährigen Georges Edouard Piaget im Schweizer La Côte-aux-Fées gegründet. In seiner Anfangszeit stellte Piaget Taschenuhren und Uhrwerke für andere Uhrenhersteller her. Später produzierte das Unternehmen auch Armbanduhren und Schmuck. Die Marke Piaget ist seit 1943 ein eingetragener Markenname. Seit 1988 gehört das Unternehmen zum Luxusgüterkonzern Richemont.

Mit der Produktion von Armbanduhren begann Piaget im Jahr 1911, nachdem das Unternehmen von Georges Edouard Piagets Sohn Timothée übernommen worden war. Der Erfolg der Marke, sowohl im Bereich der eigenen Uhren als auch als Uhrwerkshersteller für andere bekannte Uhrenmarken, führte dazu, dass 1945 von Piagets Enkeln eine weitere Manufaktur in La Côte-aux-Fées eröffnet wurde. In der neuen Produktionsstätte wurden innovative und sehr flache Präzisionswerke hergestellt.

Im weiteren Verlauf perfektionierte Piaget die Herstellung seiner besonders flachen Uhrwerke. 1957 stellte das Unternehmen ein ultraflaches Handaufzugkaliber mit einer Höhe von nur 2 mm vor. Drei Jahre später folgte dann das weltweit flachste Automatikuhrwerk mit nur 2,3 mm in der Höhe. Zur selben Zeit erweiterte Piaget sein Sortiment um Schmuck und hochwertige Schmuckuhren. Auch in den Folgejahren blieb Piaget seinen traditionellen Fertigkeiten treu und stellte kreative und zukunftsweisende Uhren und Werke her. So erregte das Unternehmen 1964 mit Zifferblättern aus Halbedelsteinen auf dem Uhrenmarkt großes Aufsehen. Auch die Herstellung extrem flacher Uhrwerke wird heute nach wie vor vorangetrieben.

*Bewertung: Besonders im Vintage-Bereich mit vielen herausragenden Schmuckuhren-Modellen vertreten, tut sich die Marke mit ihren modernen Uhren oft ein wenig schwer. Die Uhren fallen im Sekundärmarkt häufig etwas weiter zurück.*

## Patek Philippe

Das unabhängige Unternehmen Patek Philippe wurde 1839 von den polnischen Einwanderern Antoine Norbert Graf de Patek und Francois Czapek unter dem Namen „Patek, Czapek & Cie.“ gegründet. Seinen aktuellen Namen erhielt das in Genf gegründete Unternehmen erst 1851, nachdem Czapek es einige Jahre zuvor verlassen und der Uhrmacher Jean-Adrien Philippe seinen Platz eingenommen hatte. Seit 1939 ist das für seine besonders ästhetischen und komplexen Luxusuhren bekannte Unternehmen im Besitz der Familie Stern.

Schon zu seiner Anfangszeit machte Patek Philippe mit seinen innovativen Erfindungen auf sich aufmerksam. So stellte das Unternehmen auf der Weltausstellung in London die 1845 patentierte, welterste Taschenuhr mit Bügelaufzug vor. Es folgten weitere Patente, wie das Patent für eine Präzisions-Feinregulierung (1881) oder das Patent für einen ewigen Kalendermechanismus für Taschenuhren (1889).

Auch im 20. Jahrhundert spielte das Unternehmen im Bereich der Uhrwerkskunst eine bedeutende Rolle. Nach der Umwandlung des Unternehmens in eine Aktiengesellschaft im Jahr 1901 meldete Patek Philippe 1902 einen Doppelchronographen zum Patent an. 1925 entwickelte Patek Philippe die weltweit erste Armbanduhr mit ewigem Kalender.

Darauf folgten weitere Rekorde, wie die Taschenuhr „Supercomplication“ aus dem Jahr 1933, die mit ihrer Vielzahl an Komplikationen bis ins Jahr 1989 als komplizierteste Taschenuhr der Welt galt. Sie wurde 1989 von einer weiteren Taschenuhr aus dem Hause Patek Philippe abgelöst, der Calibre 89, welche mit 33 Komplikationen versehen ist. Die Uhren der Genfer Manufaktur Patek Philippe zählen für viele Kenner seit über 175 Jahren zu den besten der Welt – heute verfolgt Patek Philippe noch immer die Vision ihrer Gründer, „die besten und schönsten Uhren der Welt“ herzustellen. Der Erfolg von Patek Philippe basiert auf Traditionsbewusstsein, Handwerkskunst und technischen Innovationen.

*Bewertung: Sicherlich der Stern unserer Zeit am Uhrenhimmel. Patek Philippe gilt als die wertvollste und auch in puncto Ästhetik maßgebende Uhrenmarke der Welt. Viele Sammler und Investoren konzentrieren sich auf diese Marke, was zu enormen Preissteigerungen, auch in der jüngsten Vergangenheit, geführt hat. Viele Modelle sind aufgrund der geringen Produktion im Primärmarkt nicht erhältlich und werden somit im Sekundärmarkt mit hohen Aufschlägen gehandelt. Im Vintage-Bereich gibt es viele historisch bedeutsame Modelle. Sehr empfehlenswerte Marke mit viel Potenzial für die Zukunft.*

## Vacheron Constantin

Das 1755 von Jean-Marc Vacheron in Genf gegründete Unternehmen ist der älteste ununterbrochen tätige Uhrenhersteller der Welt. In seiner langen Geschichte änderte die Uhrenmanufaktur infolge verschiedener Direktoren und Kooperationen mehrmals ihren Firmennamen. Angefangen mit dem Firmennamen Abraham Vacheron-Girod über weitere Bezeichnungen wie Vacheron-Chossat, Vacheron et Constantin, César Vacheron & Co und Charles Vacheron & Cie gelangte das Unternehmen schlussendlich 1877 zu seinem aktuellen Namen Vacheron Constantin. Drei Jahre später kam zu dem Unternehmenslogo noch das Malteserkreuz hinzu. Seit 1996 gehört die Firma zur Richemont-Gruppe.

In seiner Anfangszeit fertigte das Unternehmen hochwertige Taschenuhren, doch mit der Französischen Revolution 1789 brach die Nachfrage ein und die Genfer Manufaktur hatte große Mühe, ihr

Geschäft am Leben zu erhalten. François Constantin schloss sich den Nachfahren von Vacheron an und eröffnete unter dem Motto „Es wenn möglich immer besser machen – und das ist immer möglich" Geschäfte in Europa und den USA. Mitte des 19. Jahrhunderts war die Nachfrage nach den hochwertigen Zeitmessern der Luxusuhren-Manufaktur so groß, dass Georges Auguste Leschot, der damalige technische Direktor, eine Maschine entwickelte, welche die Serienproduktion ermöglichte. Zur Handarbeit kam die maschinelle Fertigung hinzu, sodass die Produktion und Vermarktung der Produkte beschleunigt werden konnte. Ihre ersten Armbanduhren stellte die Firma im Jahr 1910 her. In den folgenden Jahrzehnten stellte Vacheron Constantin mehrere hochkomplexe Armbanduhr-Modelle mit jeweils mehreren Komplikationen wie Repetition, ewigem Kalender, Doppelchronographen oder auch Mondphasenanzeige her. Ab 1938 arbeitete Vacheron Constantin eng mit Jaeger-LeCoultre zusammen. Die moderne Kollektion orientiert sich stark am historischen Erbe und hat viele moderne Klassiker hervorgebracht.

*Bewertung: Vacheron Constantin kann in vielem als Spiegelbild von Patek Philippe angesehen werden – sind doch viele Vintage-Modelle sehr ähnlich und verwenden teilweise auch die gleichen Basiswerke. Jedoch hat es die Marke nie geschafft, ihr volles (historisches) Potenzial zu entfalten und hat somit auch eine weniger erfolgreiche Wertentwicklung durchlaufen. Die Marke hat hier viel Aufholpotenzial, welches sie teilweise auch schon nutzt. Empfehlenswert für die Zukunft.*

## Rolex

Rolex ist die wohl weltweit bekannteste Uhrenmarke. Die Geschichte der Rolex-Uhren beginnt im Jahr 1905, allerdings nicht in der Schweiz. Der aus Kulmbach stammende Firmengründer Hans Wilsdorf, der zunächst noch in einem Import- und Exportgeschäft tätig war, beschloss im Jahr 1905, sich in London selbstständig zu machen. Das Unternehmen Wilsdorf & Davis importierte zunächst ausschließlich Uhren aus der Schweiz. Da es zu dieser Zeit noch üblich war, dass die Uhren nicht den Namen des Herstellers trugen, sondern den Namen des Verkäufers, musste sich Wilsdorf einen eigenen Namen für die Uhren einfallen lassen.

Wilsdorf nannte seine Uhren schließlich Rolex. Es ist ein reines Kunstwort, das in praktisch jeder Sprache gleich ausgesprochen wird und nach Luxus klingen soll. 1908 ließ er den Namen Rolex offiziell registrieren. Bereits im Jahr 1910 wurde einer Rolex-Uhr erstmalig eine Auszeichnung für besonders gute Gangwerte verliehen. Ein entscheidender Vorteil für die Marke Rolex war, dass Wilsdorf als einer der ersten Uhrenproduzenten erkannte, dass Armbanduhren die Zukunft waren. Bis 1920 waren diese aber noch kaum verbreitet, da man sich nicht vorstellen konnte, dass in dem kleinen Gehäuse ein ganggenaues Uhrwerk unterzubringen sei. Dank der herausragenden Präzision, die Wilsdorf für die Rolex-Armbanduhren erreichte, konnte er jedoch das Gegenteil beweisen. Zahlreiche Kampagnen für ihre Alltagstauglichkeit und Wasserdichtigkeit taten ihr Übriges.

Die legendären Rolex-Uhren sorgen dafür, dass der Hersteller heutzutage einen Jahresumsatz von circa 5,2 Milliarden Schweizer Franken verbuchen kann. Sie gehören in das obere Preissegment, auch wenn heute kaum noch besondere Komplikationen geschaffen werden. Eine Rolex wird gern als Sammlerobjekt gekauft und zu teilweise hohen Preisen wieder verkauft. Der größte Teil der heute erhältlichen Modelle existierte in genau derselben Optik bereits vor mehr als 50 Jahren – diese Kontinuität ist Teil des Markenkerns von Rolex.

*Bewertung: Jeder kennt Rolex – was gleichzeitig Fluch und Segen der Marke ist. Die Preisentwicklung der ästhetisch sehr stabilen Kollektion ist praktisch durchgängig positiv, viele der besonders begehrten Stahlmodelle sind praktisch nicht im Primärmarkt zu bekommen und werden mit hohen Aufschlägen gehandelt. Durch das sehr hohe Volumen an produzierten Uhren ist der Vintage- und Neo-Vintage-Markt sehr groß. Im Vintage-Bereich ist Expertentum gefragt. Im modernen Bereich kann man mit Rolex-Uhren derzeit wenig falsch machen, die Beliebtheit scheint auch in der Zukunft gesichert zu sein und noch weiter zuzunehmen.*

## Aufstrebende junge Uhrenmarken

Neben den etablierten, großen Marken spielen vermehrt junge Marken eine große Rolle im Uhrenmarkt. Um deren Rolle zu verstehen und richtig einschätzen zu können, sind zwei Aspekte wichtig: Zum einen sind junge Marken oft stark um einen besonders begabten Uhrmacher herum aufgebaut – diese führen die Marke auch häufig. Zum anderen verfolgen diese Marken häufig besonders innovative Konzepte, verwenden ungewöhnliche Materialien, bauen besonders komplizierte Uhrwerke und gehen neue Wege in puncto Design. Dies macht sie sehr attraktiv für Uhrenliebhaber und Sammler. Diese Marken haben oft eher gehobene Preise, bieten aber auch sehr viel technisches Know-how. Am Markt spielen sie inzwischen eine immer größere Rolle. Im Folgenden möchte ich drei herausragende Marken vorstellen, welche Uhrensammler und -liebhaber kennen sollten.

### Richard Mille

Richard Mille begann seine uhrmacherische Laufbahn in den 1970er-Jahren bei der französischen Uhrenfirma Finhor. Finhor wurde 1981 von Matra aufgekauft, Mille stieg dort zum Leiter der Uhrmacherei auf. Nach etwa einem Jahrzehnt verließ Mille Matra (das inzwischen von Seiko übernommen worden war) und übernahm die Leitung eines neuen Uhrenunternehmens von Mauboussin, einer Schmuckfirma, die in den Luxusuhren-Markt einsteigen wollte. Gegen Ende der 90er-Jahre wagte Mille schließlich den Sprung in die Selbstständigkeit und gründete seine eigene Marke.

Er begann sein Unterfangen mit einer Zusammenarbeit mit Audemars Piguet (das heute ein Anteilseigner von Richard Mille ist). Das Kernkonzept der Marke Richard Mille war, die Uhrmacherei auf den Stand des 21. Jahrhunderts zu bringen. Mit umfangreicher technischer Erfahrung und fortschrittlicher Denkweise gelang es dem Unternehmen, sich ganz oben im Markt zu positionieren und viele revolutionäre, hochkomplizierte Uhren zu erschaffen.

Richard Mille arbeitet eng mit Markenbotschaftern wie beispielsweise Felipe Massa, Fernando Alonso, Pharrell Williams, Rafael Nadal und Roberto Mancini zusammen, um ein möglichst perfektes Abbild der Inspiration hinter den Uhren zu transportieren.

*Bewertung: Geringe Stückzahlen, gepaart mit einem starken Hype um die Marke – Uhren von Richard Mille kennen zurzeit nur eine Entwicklung: nach oben. Da die Marke sehr viel richtig macht beim Thema Markenführung und ein klarer Innovationsführer ist, kann es gut sein, dass sich dieser Trend noch länger fortsetzt. Die meisten Uhren sind eher ausgefallen und speziell, also sicher kein Thema für die breite Masse.*

### F.P.Journe – Invenit et Fecit

Auch François-Paul Journe hat sich als Uhrmacher zur Marke gemacht und so eine sehr erfolgreiche, junge Marke erschaffen. Nachdem er 1976 seinen Abschluss als Uhrmacher an der École d'horlogerie in Paris gemacht hatte, trat er in die Werkstatt seines Onkels ein, der ein bedeutender Restaurator antiker Uhren war. Im Rahmen dieser Arbeit gewann er ein tiefes Verständnis für Uhrentechnologie sowie deren Einsatz bei alten Uhren – und begann, mit eigenen Unternehmungen diese Erfahrungen an eigenen Uhren umzusetzen. 1999 gründete er F.P.Journe – Invenit et Fecit in Genf. Seitdem hat es die Marke geschafft, historisch bedeutende Uhren und ihre Technik in ihren Modellen einzufangen und durch sehr reduziertes, klares Design unverkennbar zu machen. Eine sehr geringe Produktionsmenge tut ihr Übriges, um die Uhren von F.P.Journe immer beliebter zu machen.

*Bewertung: F.P.Journe hat es geschafft, seine Marke in relativ kurzer Zeit zu einer der beliebtesten Sammler- und Investorenmarken überhaupt zu machen – ein sehr spezifisches Design und modern interpretierte Uhrmachertechnik waren hier sehr hilfreich. Die Preise von F.P.Journe haben sich in den letzten fünf Jahren sehr stark entwickelt, ein Ende des Trends ist bisher nicht abzusehen.*

### Urwerk

Urwerk entstand 1995 aus einem Treffen zweier Brüder, Felix und Thomas Baumgartner, beide begnadete Uhrmacher, und ihrem Freund Martin Frei, einem talentierten Künstler und Designer.

Zusammen beschlossen sie, Uhren zu produzieren. Martin Frei skizzierte und verfeinerte das Design, während die Baumgartners die nächsten zwei Jahre damit verbrachten, die technischen Aspekte des Uhrwerks zu entwickeln. Inspiriert von der Campanus-Nachtuhr aus dem 17. Jahrhundert, wollte das Team die Zeitanzeige auf ihre Essenz reduzieren und die Wahrnehmung der Zeit entschleunigen, indem es alle zusätzlichen Anzeigen und Ablenkungen entfernte.

Im Namen des Unternehmens – Urwerk – zeigen sich unmittelbar zwei Hauptbezüge ihrer Arbeit: Die Stadt Ur war der Ort, an dem unsere Auffassung von Zeit vor über 6.000 Jahren geprägt wurde. Die Sumerer, das Volk von Ur, erklärten, dass der Lauf der Schatten im Verlauf eines Jahres in zwölf Einheiten unterteilt werden sollte, und legten damit den Grundstein für ein System der Zeitmessung, das bis heute Bestand hat. Werk hingegen steht für das Schaffen, Formen und Schmieden, ein Aspekt, der all ihren Uhren einen sehr technischen Charakter verleiht.

Die Urwerk SA wurde 1997 mit dem Ziel gegründet, niemandem nachzueifern, sondern vollkommen eigenständige Wege im Uhrendesign und -bau zu gehen und die technologischen Grenzen der Haute Horlogerie immer weiter zu verschieben. Gerade die limitierten Editionen von Urwerk gehören heute zu den von Sammlern am meisten gesuchten Stücken einer unabhängigen Marke.

*Bewertung: Urwerk ist sicher eine Besonderheit in puncto Technik und Ästhetik – aber gerade dadurch hat sich die Marke gut etablieren und preisstabil entwickeln können. Durch recht limitierte Stückzahlen auch für die Zukunft eine interessante Marke mit Potenzial.*

# WIE KAUFE ICH EINE UHR?

In diesem Kapitel möchte ich den praktischen Vorgang des Kaufs einer Armbanduhr unter die Lupe nehmen. Sie als Leser wissen natürlich an diesem Punkt bereits, dass es einen großen Unterschied ausmacht, ob Sie eine Uhr im Primärmarkt oder im Sekundärmarkt kaufen.

Wir wollen im Folgenden zunächst einen Kauf am Primärmarkt durchspielen, danach werde ich noch einige Hinweise zum Kauf am Sekundärmarkt geben sowie auf wichtige Themen und Aspekte beim Uhrenkauf genauer eingehen.

Es gibt jedoch zwei grundsätzliche Dinge, welche immer zu beachten sind, egal wo und wie man Uhren kauft: Zunächst einmal ist es wichtig, dass man sich wohlfühlt beim Kauf und in einem sicheren Umfeld agiert. Dies bedeutet, dass Sie sich, egal mit welchem Handelspartner Sie es zu tun haben, immer auf Ihr Bauchgefühl verlassen sollten. Ist alles in Ordnung? Wenn das Gegenüber ein komisches Gefühl in einem auslöst, sollte man von einer Transaktion eher absehen. Die zweite grundlegende Sache, auf die Sie bei einem Kauf achten sollten, ist, sich im Vorfeld des Kaufs gut zu informieren. Uhren sind – wie bereits erwähnt – ein komplexes Thema; dementsprechend ist es wichtig, in einem Geschäft, bei einem Händler oder auch im Internet bereits zu wissen, was man will, und mindestens eine gute Informationsbasis zu haben, um sich nichts aufschwatzen zu lassen und das Richtige zu kaufen.

Fangen wir zunächst mit einem Einkauf im Primärmarkt an: Sie haben sich über eine Marke beziehungsweise ein konkretes Modell informiert. Suchen Sie einen die ausgewählte Marke führenden Konzessionär (was genau das ist, folgt im übernächsten Abschnitt) oder eine Markenboutique auf, welche die gewünschte Uhrenmarke vertreibt. Je nach Marke ist es unter Umständen ratsam, einen Termin zu vereinbaren, da viele Geschäfte sich dann mehr Zeit für die individuelle Beratung nehmen können. Grundsätzlich verfügen die Mitarbeiter von Konzessionären über ein umfassendes Wissen über ihre angebotenen Uhren und Uhrenmarken und können entsprechend gut beraten. Sie sollten aber stets im Hinterkopf behalten, dass ein Konzessionär ein wirtschaftliches Interesse an seinen Verkäufen hat, welches unter Umständen den Interessen eines Käufers entgegenlaufen kann. Insofern ist es sinnvoll, mit einem klaren Kaufziel in ein Geschäft zu gehen und eine sehr konkrete Vorstellung der eigenen Wünsche zu haben, denn gerade bei Uhren geht es in der Regel um höhere Summen.

In einem Geschäft gibt es zwei grundsätzliche Möglichkeiten: Die gewünschte Uhr ist verfügbar beziehungsweise kann bestellt werden (je nach Marke handelt es sich um Lieferzeiten von wenigen Wochen bis hin zu einigen Monaten). Ist dies bei Ihrer Wunschuhr der Fall? Glückwunsch! Ihrem Kauf steht außer der Bezahlung des Kaufpreises nichts mehr im Weg.

Die andere Situation, dass Ihre Wunschuhr nicht verfügbar ist, kommt gerade bei den derzeit besonders begehrten Marken wie Rolex (alle Edelstahlmodelle), Audemars Piguet (viele Modelle der Royal-Oak-Linie) und Patek Philippe (alle Modelle der Nautilus- und Aquanaut-Linie) häufiger vor. Häufig werden Sie heutzutage darüber informiert, bestimmte Modelle nur über eine Warteliste, auf die man sich setzen lassen muss, kaufen zu können. Hier fängt für viele Uhrenliebhaber das Problem an: Diese Wartelisten sind oft sehr lang beziehungsweise auch oft schon geschlossen – sprich: Sie können Ihre Wunschuhr in diesem Fall, auch wenn Sie in der Lage sind, den Kaufpreis zu bezahlen, gar nicht im Handel erwerben. Dies kann schnell zu einer frustrierenden Situation führen – stellen Sie sich bei derzeit besonders beliebten Modellen deswegen frühzeitig darauf ein, dass es zu einer solchen Situation kommen kann. In der Regel ist es nun so, dass die Wartelistenposition in erster Linie davon abhängt, wie wichtig man als Kunde für einen Konzessionär ist. Viele verbinden daher die Vergabe von besonders beliebten Uhrenmodellen stets mit dem Gesamtvolumen eines Einkaufs beziehungsweise der Kaufhistorie. Wenn Sie also bei einem Händler in der Vergangenheit schon viel gekauft haben, lohnt es sich, dort nach seltenen Modellen zu fragen. Dies kann oft zu dem gewünschten Erfolg führen. Wenn Sie nicht über eine solche Kaufhistorie verfügen, kann es ratsam sein, sich mit der Zeit eine solche aufzubauen – gerade wenn man an dem Thema Uhren vertieft interessiert ist und sich auch längerfristig damit beschäftigen will, lohnt es sich, immer bei einem Händler zu bleiben und eine gute geschäftliche Beziehung zu ihm aufzubauen. In manchen Fällen aber führt der Besuch eines Konzessionärs definitiv nicht zum direkten Erfolg. In diesem Fall wären sie auch auf den Graumarkt oder den Sekundärmarkt angewiesen – mehr dazu später.

Wie schon betont, ist das Thema „Information" für den Uhrenkauf elementar – Sie sollten im Vorfeld klären, welche Uhrenmarke Sie wollen und wie die Marke derzeit grundsätzlich dasteht, sollten mit dem Preisgefüge vertraut sein und zu guter Letzt wissen, ob bei einer Marke mit Rabatten zu rechnen ist oder nicht – gerade bei kleineren Marken kann es sich durchaus lohnen, den Händler nach Rabatten zu fragen.

**Tipp für Einsteiger:** Je genauer Sie wissen, was Sie wollen, und was das, was Sie wollen, kostet, desto eher werden Sie einen guten Kauf tätigen – investieren Sie deswegen im Vorfeld ausreichend Zeit in Recherche und Informationssuche.

Für die Zeit zwischen dem Betreten des Geschäfts und dem Verlassen des Geschäfts möchte ich noch einige andere wichtige Punkte anführen, die gerade für Einsteiger nicht immer selbstverständlich sind und welche man bedenken sollte:

- /// Lassen Sie sich nie etwas aufschwatzen, was Sie nicht wirklich kaufen wollen. Sollte Ihnen ein Modell vorgestellt werden, welches Sie noch nicht kennen oder welches Ihnen als besonders guter Kauf angepriesen wird: Informieren Sie sich immer erst über die Uhr und kommen Sie gegebenenfalls einen Tag später noch einmal ins Geschäft.
- /// Bei sehr teuren Uhren: Schlafen Sie grundsätzlich eine Nacht darüber und schauen Sie sich die Uhr ein zweites Mal an, bevor Sie sich für ein größeres Investment entscheiden – oft gefallen einem Uhren am nächsten Tag schon weit weniger.
- /// Achten Sie nach dem Kauf darauf, dass Ihnen alle dazugehörigen Unterlagen ausgehändigt werden und diese korrekt ausgefüllt beziehungsweise abgestempelt sind. Dies ist für die gesetzlich gewährte Garantie sowie den Werterhalt der Uhr wichtig.
- /// Einige Uhrenhersteller bieten eine längere Garantie an als die gesetzlich vorgegebene – informieren Sie sich im Vorfeld über die Garantiebedingungen.
- /// Informieren Sie sich über die zu erwartenden Wartungskosten und -intervalle einer Uhr, diese können je nach Hersteller sehr unterschiedlich ausfallen.
- /// Nehmen Sie unbedingt auch die Verpackung und die äußere Verpackung Ihrer Uhr mit, auch Wegwerfteile wie Folien oder Anhänger et cetera können bei einem Wiederverkauf wertsteigernd sein.
- /// Denken Sie daran, eine Rechnung mitzunehmen und diese gegebenenfalls auch digital zu speichern – diese Information kann im Nachgang beim Wiederverkauf oder bei Problemen mit dem Kauf wichtig sein.
- /// Nutzen Sie die Gelegenheit, um weiterführende Informationen, Broschüren oder Werbeartikel, die auf Ihre Uhr zutreffen, ebenfalls mitzunehmen.

**Tipp für Einsteiger:** Sollten Sie sich beim Kauf einer Uhr unsicher sein, finden Sie viele Kauftipps in spezialisierten Onlineforen. Dort können Sie auch den Austausch mit Gleichgesinnten suchen.

## WIE INFORMIERE ICH MICH ÜBER UHREN?

Wie aber sich nun richtig informieren? Es empfiehlt sich, hier zweistufig vorzugehen: Zunächst ist es wichtig, eine solide Wissensbasis zum Thema aufzubauen und diese aktuell zu halten. Dafür bietet sich die Kombination Buchwissen und Informationen aus dem Internet an. In einem zweiten Schritt ist es ratsam, sich ausführlich über die gewünschte Marke sowie das konkrete Modell und dessen Besonderheiten, die aufgerufenen Preise sowie die am Sekundärmarkt erzielten Preise zu informieren. Letzteres ist besonders wichtig, um ein Gefühl für die Wertposition einer Uhr zu bekommen, was eine wesentliche Basis für eine Investition sein sollte. Hier bieten sich zum einen die Internetseiten der Hersteller an, zum anderen die Suchmaschinen der großen Auktionshäuser und Chrono24 (mehr dazu unter „Der Gebrauchtmarkt").

### Die Hersteller und Marken

Die erste naheliegende Informationsquelle sind natürlich die Uhrenhersteller. Hier bieten die meisten Internetseiten recht umfangreiche Informationen – aber oft nur zur aktuellen Kollektion. Nutzen Sie diese, um sich mit den Modellen vertraut zu machen – viele Uhren gibt es in diversen Varianten (zum Beispiel in verschiedenen Metallen und Edelmetallen, mit verschiedenen Zifferblättern oder mit Diamant- und Steinbesatz). Ebenso finden Sie die Preislisten der Hersteller meist online. Ein weiterer wichtiger Aspekt ist, dass viele Uhrenhersteller ihre Marken historisch gut aufbereitet haben und viele Informationen zur Markenhistorie und zur Modellgeschichte anbieten. Einige Hersteller haben darüber hinaus eigene Uhrenforen etabliert, wo sie beispielsweise mit Experten der Hersteller in Kontakt treten oder Gleichgesinnte treffen können.

**Tipp für Einsteiger:** Beachten Sie bei Herstellerinformationen: Diese dienen dem Verkauf und sind nicht immer vollkommen objektiv. Hinterfragen Sie die Informationen anhand weiterführender Literatur.

## Digitale Quellen

In den letzten zehn Jahren hat sich im Internet eine breite Community etabliert, welche oft sehr umfassende Informationen zu einzelnen Uhren, Uhrenmarken und auch der jeweiligen Historie bietet. Somit wird das Internet eine unverzichtbare, wenn auch in vielen Fällen etwas zweischneidige Informationsquelle für Sie darstellen. Wenn Sie noch nie damit zu tun hatten, wird Ihnen die Vielfalt am Anfang etwas unübersichtlich vorkommen – es ist natürlich wie so oft nicht alles Information, was auf den ersten Blick danach aussieht. Aus meiner Sicht ist der wesentliche Vorteil von digitalen Quellen, dass sie sehr aktuell über den Uhrenmarkt und die Uhrenindustrie informieren und man hier leicht Preisbewegungen sowie neue Modelle verfolgen kann. In der Folge möchte ich einige Websites vorstellen, welche sich etabliert haben und wichtige Informationen rund um den Uhrenkauf bereitstellen.

/// ***Hodinkee:*** Hodinkee (www.hodinkee.com) wurde von Benjamin Clymer 2008 als eines der ersten digitalen Uhrenmedien überhaupt gegründet und hat sich zu einem der führenden Uhrenmagazine der Welt entwickelt. Das Magazin verfügt über ein beeindruckendes Netzwerk und ist stets gut informiert über neue Entwicklungen und Preise. Auch erhalten Sie viele Hintergrundinformationen zu Sammlern, wichtigen Personen der Uhrenindustrie und historischen Ereignissen. Die Informationen auf der Seite haben sich im Allgemeinen als sehr zuverlässig erwiesen. Meiner Meinung nach ist die Seite ein guter Anlaufpunkt für Informationssuche aller Art – ebenso verfügt Hodinkee über einen eigenen Shop mit Büchern und einem Printmagazin.

/// ***Chrono24:*** Chrono24 (www.chrono24.de) ist der führende digitale Marktplatz, wenn es um Uhren geht. Die Website des Unternehmens kumuliert Hunderttausende von Uhren, welche von registrierten Händlern angeboten werden. Bei Chrono24 bieten mehr als 20.000 professionelle Händler und Privatverkäufer aus über 100 Ländern aktuell mehr als 475.000 Uhren im Gesamtwert von vier Milliarden Euro an, das Transaktionsvolumen betrug 2019 über 1,5 Milliarden Euro. Mit Inhalten in 22 Sprachen zieht Chrono24 täglich mehr als 500.000 Besucher an. Insofern hat sich die Website unverzichtbar gemacht, wenn man eine solide Preisrecherche zu einem Uhrenmodell starten möchte. Chrono24 ist auch sehr gut darin, seine Informationen aufzubereiten, und stellt zu jeder Uhr Preisentwicklungen und weiterführende Informationen grafisch dar. Ebenso veröffentlicht Chrono24 ein gutes Magazin mit vielen Informationen rund um den Uhrenmarkt. Daher ist die Website auch über den Kauf von Uhren im Sekundärmarkt hinaus eine wichtige Informationsplattform, auf der man, wenn man Modell und Marke kennt, sehr viele Informationen sammeln kann.

/// Die Websites der großen Auktionshäuser (Christie's, Sotheby's, Antiquorum, Phillips). Waren Auktionen früher eher ein dem Expertenpublikum vorbehaltenes Phänomen, sind die Informationen, welche dort generiert werden, heute öffentlich digital verfügbar. Bei den meisten Auktionshäusern werden Sie allerdings einen Account benötigen, um auf diese Informationen zugreifen zu können. Auktionshäuser sind unübertroffen darin, Informationen zu seltenen und teuren Uhren zusammenzustellen und in ihren Katalogbeschreibungen aufzubereiten – wenn Sie einen Auktionskatalog lesen, erfahren Sie sehr viel über die Geschichte, die Besonderheiten und die Wertbestimmung von Uhren im Allgemeinen. Darüber hinaus entwickeln Sie natürlich auch ein gutes Gefühl für die Preisfindung bei begehrten Modellen. Mit den Informationen von Auktionshäusern können Sie sowohl

Ihre Wissensbasis verbreitern als auch konkrete Modelle recherchieren. Außerdem haben die meisten Auktionshäuser inzwischen eigene Magazine aufgelegt, die sich häufig mit dem Sammeln von Uhren beschäftigen – auch hier findet sich viel Wissenswertes zum Thema.

/// ***Watchtime:*** Dieser digitale Ableger des Ebner Verlags (www.watchtime.net) kumuliert viele Inhalte der Magazine des Hauses und bietet darüber hinaus verschiedene Suchfunktionen sowie Testberichte. Einige Inhalte sind kostenpflichtig; sie lohnen sich aber insbesondere dann, wenn sie Informationen zu einem konkreten Kauf suchen beziehungsweise an Testvergleichen interessiert sind. Die Journalisten, die hinter dem Format stehen, sind sehr versiert und erfahren im Bereich Uhren.

/// ***Uhrenkosmos:*** Dieses relativ junge Format (www.uhrenkosmos.com) wird von Gisbert Brunner betrieben, einem der besten Uhrenjournalisten überhaupt. Brunner, Autor vieler Bücher, bietet gut geschriebene Artikel über historische und aktuelle Themen samt historischer und technischer Übersichten – eine überaus verlässliche Informationsquelle.

/// ***Fratello Watches:*** Diese Seite (www.fratello.de), gegründet von Robert-Jan Broer, bietet sehr gut recherchierte Artikel mit umfassenden Informationen rund um Uhren und Sammlerthemen. Der Markenfokus liegt auf Omega.

/// ***aBlogto Watch:*** Diese Seite (www.ablogtowatch.com) ist eine der ältesten digitalen Uhrenpublikationen. Seit 2007 informiert „aBlogtoWatch" über die interessantesten und innovativsten Uhren und führt Uhrenliebhaber und -käufer zusammen. „aBlogtoWatch" ist sowohl eine Fachpublikation als auch eine Verbraucherressource und bietet dem Leser einen vielfältigen Querschnitt aus allen Regionen und Themengebieten der Uhrenwelt.

/// ***Time+Tide:*** Diese australische Publikation (www.timeand-tidewatches.com) ist eine relativ neue Stimme in der Uhrenmedienlandschaft, die über alle Medienarten hinweg stimmige Informationen bietet. Man kann als Leser tiefer in Geschichten über Uhren eintauchen und erfährt viel über Erfahrungen, Meinungen und den sozialen Kontext von Uhren aus Sicht der Redaktion.

/// ***Monochrome:*** Seit 2006 widmet sich Monochrome (www.monochrome-watches.com) hochwertigen Uhren. Das digitale Magazin ist bemüht, jeden Aspekt der „Haute Horlogerie" zu erklären. „Monochrome" ist eines der meistgelesenen Online-Uhrenmagazine der Welt und die größte europäische Publikation. Neben Nachrichten über die neuesten Uhren werden auch Rezensionen, historisch relevante Artikel, eigene Videos und tiefgehende technische Analysen veröffentlicht.

/// ***Uhren-Wiki:*** Diese Seite (www.uhren-wiki.de) bietet einen eher modellbasierten Blick auf das Uhrenthema sowie viele technische Hintergründe. Die Seite ist gut geeignet, um sich Begriffe erklären zu lassen oder historische Modelle sowie deren historische Verkaufspreise zu recherchieren.

/// ***Diverse Uhrenforen:*** Darüber hinaus haben sich viele spezielle Foren etabliert, welche ihren Nutzern die Gelegenheit geben, Spezialthemen miteinander zu diskutieren sowie nach Informationen zu suchen. Diese Foren werden meist moderiert, um ein gewisses Qualitätsniveau sicherzustellen. Es gilt, dass viele Meinungen oder Äußerungen eher subjektiver Natur sind und daher schwer einzuschätzen ist, ob die Informationen immer korrekt sind. Natürlich gibt es dort auch einige wahre Experten – was aber für den Neuling oft schwer zu beurteilen ist. Insofern kann ich nicht klar dazu raten, Uhrenforen zu nutzen.

## Medien und Literatur

Ich möchte Ihnen noch einige sehr gute Bücher zum Thema Uhr samt Kurzeinschätzung an die Hand geben – von markenspezifischen Büchern bis hin zu Marktbeobachtungen. Wenn Sie diese Bücher gelesen haben, haben Sie bereits einen fundierten Wissensstand:

/// Audemars Piguet (2018): Audemars Piguet 20th Century Complicated Wristwatches, Le Brassus: Audemars Piguet.
*Eine umfassende Darstellung aller wichtigen Uhren von Audemars Piguet – wenn man dieses Buch gelesen hat, weiß man, weshalb die Marke heute so wichtig ist.*

/// Bassermann-Jordan, Ernst v. / Bertele, Hans v. (1976): Uhren. Ein Handbuch für Sammler und Liebhaber (Bibliothek für Kunst- und Antiquitätenfreunde, Band 7), 8. Auflage, Braunschweig: Klinkhardt & Biermann.
*Ein echter Klassiker, der sich ganz auf den Zauber des Sammelns konzentriert. Lesenswert, da sehr grundlegend.*

/// Cardinal, Catherine et al. (Hrsg.) (1991): Der Mensch und die Zeit in der Schweiz, 1291-1991, La Chaux-de-Fonds: Institut Der Mensch und die Zeit.
*Ein sehr umfangreiches und detailliertes Werk zur Entwicklung der Schweizer Uhrenindustrie.*

/// Brunner, Gisbert L. (2017): Rolex, The Watch Book. München: teNeues.
*Sehr hochwertiges und schönes Buch über Rolex mit vielen Hintergrundinformationen.*

/// Daniels, George (2011): Watchmaking, London: Philip Wilson Publishers.
*Das Uhrenhandwerk aus der Perspektive eines echten Großmeisters der Uhrmacherzunft.*

/// Dohrn-van Rossum, Gerhard (1992): Die Geschichte der Stunde – Uhren und moderne Zeitordnung, München u. a.: Carl Hanser.
*Umfassender geschichtlicher Abriss zum Werdegang der Uhr und der sozialen Bedeutung von Zeit und Zeitmessung.*

/// Foulkes, Nicholas (2016): Patek Philippe – The Authorized Biography, London: Penguin Random House.
*Bestes Buch über Patek Philippe und die Geschichte der großen Manufaktur. Erklärt hervorragend die heutige Bedeutung der Marke.*

/// Landes, David S. (1983): Revolution in Time: Clocks and the Making of the Modern World, Cambridge: Harvard University Press.
*Standardwerk über die Bedeutung von Uhren und deren Industriegeschichte. Sehr lesenswert!*

/// Mehltretter, J. Michael (2011): Patek Philippe Armbanduhren: Kultobjekt & Wertanlage. Wissen – Märkte – Preise, München: Heel.
*Gutes Buch über das Sammeln von Patek-Philippe-Uhren.*

/// Patrizzi, Oswaldo (2010): Collecting Patek Philippe Wristwatches, Vol. I-III, Genua: Guido Mondani Editore.
*Ebenfalls ein wichtiges Buch über Patek Philippe mit vielen Bildern.*

Und in eigener Sache möchte ich Ihnen auch noch mein erstes Buch ans Herz legen – ein umfassendes Werk zur fundierten Bewertung und Würdigung von Uhren als alternatives Investment:

/// Hoffmann, Oliver (2020): Vom nützlichen Luxus – Uhren als alternatives Investment, Kulmbach: Börsenbuchverlag.

**Tipp für Einsteiger:** Wenn Sie zunächst nur ein Buch lesen wollen, beginnen Sie mit dem Werk von David Landes. Der US-amerikanische Wirtschaftshistoriker und Harvard-Professor schreibt mitreißend und bietet den idealen Einstiegspunkt in die Welt der Uhren aus einer gänzlich anderen Perspektive als die anderen Titel. Nach der Lektüre verstehen Sie den Uhrenmarkt und die Uhrenindustrie besser.

# HÄNDLER UND QUELLEN FÜR UHREN

Der nächste logische Schritt ist der Kauf der Uhr. Sprich: Es müssen Händler und andere Quellen für Uhren ermittelt und erschlossen werden. Dieser Prozess ist weitaus schwieriger als der Einkauf der meisten anderen Güter des Alltags – aufgrund ihres Wertes und ihrer Begehrlichkeit haben sich bei Uhren spezielle Gebräuche und Regeln entwickelt, was den Handel anbelangt. Hier gibt es große Unterschiede, auf welchem Markt man aktiv werden möchte, sprich ob man eine neue Uhr im Primärmarkt kaufen oder ob man gebrauchte Uhren aus dem Vintage-Bereich im Sekundärmarkt erwerben möchte. Beide Segmente haben Vor- und Nachteile und jeweils eigene Regeln. In den folgenden Kapiteln wird dieses Buch daher einen Überblick über die verschiedenen Arten von Händlern und anderen Quellen für Uhren geben, die verschiedenen Märkte beleuchten sowie einen Leitfaden an die Hand geben, was bei den einzelnen Markttypen zu beachten ist.

## Konzessionäre

In der Uhrenindustrie und im Handel ist seit Langem ein *Konzessionärssystem* etabliert. Ein Konzessionär ist ein durch eine bestimmte Marke autorisierter Verkäufer für Uhren ebendieser Marke. Ob ein Händler die Uhren eines bestimmten Herstellers verkaufen darf, hängt daher von seiner Konzession ab – dies beschränkt die Verfügbarkeiten auf natürliche Weise. So müssen sich Händler bei den Uhrenmarken auf eine Konzession bewerben – bei entsprechender Eignung folgt die Unterzeichnung eines Konzessionsvertrags – und diese auch regelmäßig verlängern und erneuern.

Im Konzessionsvertrag werden normalerweise zentrale Themen wie etwa maximale Rabatte, Abnahmeverpflichtungen und notwendige Werbemaßnahmen geregelt. Da sämtliche Uhrenmarken ein Interesse daran haben, dass ihre Uhren nicht unter einem bestimmten Preis verkauft werden, wird das Konzessionärssystem in der Regel genutzt, um die Stabilität des Preisgefüges von Uhren zu erhöhen. Konzessionäre bekommen in der Regel nur eine bestimmte Menge an Uhren pro Jahr, besonders begehrte Modelle werden daher entsprechend selten ausgeliefert und haben in der Regel längere Wartezeiten mit Wartelisten. Gleichzeitig ermöglicht dieses System einen besonders hohen Durchgriff der Uhrenmarken auf den Verkauf ihrer Produkte, den gebotenen Service und das ebenfalls attraktive Reparatur- und Wartungsgeschäft, welches ebenfalls nur von Konzessionären betrieben werden darf. Im Gegenzug kann sich der Konzessionär sicher sein, dass die Uhren seiner Konzessionsmarke nur über Konzessionäre verkauft werden und die Preise einheitlich bleiben.

Konzessionäre sind in der Regel die einfachste und zuverlässigste Quelle für Uhren, werden sie doch durch die Hersteller kontrolliert und als vertrauenswürdig eingestuft. Die meisten Menschen, die zum ersten Mal mit Luxusuhren in Berührung kommen, wenden sich an einen Konzessionär. Die Preise sind transparent und vom Hersteller festgelegt, Rabatte und Möglichkeiten, Uhren günstiger zu bekommen, sind beschränkt. Gerade auch Sammler, welche sich besonders für eine Marke interessieren, sind gut beraten, eine intensive Beziehung zu einem Konzessionär der Marke ihrer Wahl aufzubauen, denn eine derartige etablierte Beziehung mitsamt Kaufhistorie ermöglicht oft den Zugang zu selteneren Uhrenmodellen.

In jüngster Zeit sind viele Luxusuhrenmarken dazu übergegangen, ein eigenes Netz an Verkaufspunkten aufzubauen – was häufig zulasten der Konzessionäre geht. Für Marken mit besonders großer Bekanntheit und Popularität ist dies ein logischer Schritt, da sie so die vollständige Kontrolle über ihre Produkte sowie deren Preise haben und auch den Service vorgeben können. Für den Käufer ändert sich nicht viel im Vergleich zum Konzessionär, außer dass man einen noch direkteren Zugang zu einer Marke bekommt.

Bei einem Konzessionär erhalten Sie beim Kauf ausgefüllte Papiere mit der Seriennummer der Uhr (eine eindeutige Identifikationsnummer) und oft auch Werks- oder Gehäusenummer – diese Papiere sind wichtig für den Werterhalt Ihrer Uhr. Ebenso kommt jede Uhr mit der vom Hersteller vorgesehenen Verpackung und diversen Broschüren – im Fachjargon „Full Set".

**Tipp für Einsteiger:** Wenn Sie zum ersten Mal eine Uhr kaufen und es Ihr Budget erlaubt, ist der Einstieg in den Uhrenmarkt über moderne Uhren im Primärmarkt der einfachste und sicherste Weg, im Uhrenbereich aktiv zu werden. Hier treffen Sie meistens auf Konzessionäre, die Uhren zu festen Preisen und mit klaren Qualitätsgarantien beziehungsweise gesetzlich festgeschriebenen Garantien anbieten. Oft lohnt es sich, die gekaufte Uhr beim Hersteller registrieren zu lassen, da Garantieverlängerungen locken können.

## Der Graumarkt

Der *Graumarkt* schließt sich unmittelbar an das Konzessionärssystem an – und ist letztendlich sogar dessen Resultat.

In vielerlei Hinsicht sind der freie Markt und die Bequemlichkeit des Onlinehandels der Feind aller Luxusuhrenmarken. Denn jeder, der etwas von Wirtschaft versteht, kennt das Prinzip von Angebot und Nachfrage, doch Luxusuhrenhersteller tendieren oft dazu, die Nachfrage nach ihren Modellen (und damit den Preis) zu überschätzen. Zudem verknappen sie gelegentlich bewusst Modelle, um deren Prestige und die resultierende Begehrlichkeit noch weiter zu steigern. Unter Nachfrage-Gesichtspunkten müsste es zum Beispiel mehr Rolex-Daytona-Modelle aus

Edelstahl geben. Dennoch begrenzt das Unternehmen die Stückzahl (obwohl es mehr produzieren könnte), um ein künstlich gesteigertes Gefühl der Exklusivität zu erzeugen.

Für Konzessionäre ist es generell ein Problem, dass die Uhrenhersteller Angebot und Nachfrage falsch einschätzen. Händler müssen Uhren in der Regel bezahlen, bevor sie überhaupt wissen, welche Uhren sie erhalten werden. Dies kann zu Problemen führen, wenn sie versuchen, ihren Bestand an unverkauften, unpopulären oder veralteten Uhren zu bereinigen. So wird in vielen Fällen versucht, weniger begehrenswerte Uhren zusammen mit begehrenswerteren Modellen an einen Graumarkthändler zu verkaufen, der in großen Mengen einkauft (und so oft attraktive Konditionen realisieren kann). Dies ist für den Konzessionär wirtschaftlich meist nicht sehr attraktiv, aber oft sind Cashflow-Optimierung und die Reduzierung des Lagerbestands wichtiger als der Versuch, Uhren in strikter Übereinstimmung mit den Anforderungen des Konzessionärs zu verkaufen, was je nach Marke völlig unrealistisch sein kann.

Da nicht autorisierte Händler nicht an die strengen Konzessionärsverträge gebunden sind, können sie sich an den Prinzipien des freien Marktes orientieren und ihre Preise je nach Angebot und Nachfrage anpassen. Sie sind auch in der Lage, Uhren über Onlineshops zu verkaufen, was Konzessionären meist untersagt ist.

Diese Ineffizienzen wirken sich im Luxusuhrenmarkt je nach Marke auf bis zu 20 Prozent aller Verkäufe aus und konstituieren so einen bedeutenden „grauen Markt“ – sprich einen freien Markt außerhalb der von den Herstellern festgelegten Preise und Rahmenbedingungen. Dieser graue Markt bricht insbesondere die Preisstrategien der Hersteller, was dazu führt, dass einige Modelle zu höheren und einige Modelle zu niedrigeren Preisen als vom Hersteller vorgegeben verkauft werden.

Für Luxusuhrenkäufer gibt es viele potenzielle Vorteile, die mit dem Kauf einer Uhr auf dem grauen Markt statt bei einem Konzessionär verbunden sind. Einige der wichtigsten Vorteile sind im Folgenden aufgeführt:

- /// Keine Wartelisten: Im Unterschied zu Konzessionären arbeiten Graumarkthändler nach den Prinzipien des freien Marktes und haben keine Wartelisten. Dies bedeutet zwar, dass Sie für die begehrtesten Luxusuhren mehr bezahlen müssen, dafür können Sie die entsprechenden Uhren aber auch schnell bekommen. Im Gegensatz dazu werden Sie beispielsweise nur selten eine Rolex Daytona, eine GMT II, eine Submariner aus Edelstahl, eine Patek Philippe Nautilus oder eine Audemars Piguet Royal Oak bei einem Konzessionär finden und selbst wenn Sie sich auf eine Warteliste setzen lassen, gibt es keine Garantie dafür, dass Sie die Uhr am Ende tatsächlich bekommen. Einige Konzessionäre weigern sich sogar, neue Kunden auf die Warteliste zu setzen.
- /// Größere Auswahl: Ein weiterer großer Vorteil der Graumarkt-Onlineshops ist, dass sie alle Modelle und Varianten anbieten, während Konzessionäre selten alle Varianten eines bestimmten aktuellen Modells haben. Darüber hinaus bieten Graumarkthändler oft auch auslaufende, gebrauchte und Vintage-Uhrenmodelle an. Der Onlinehandel erleichtert außerdem den Zugang für den Kunden und vereinfacht den Einkauf erheblich.
- /// Signifikante Rabatte: In der Regel müssen Konzessionäre zu Preisen verkaufen, die von den Herstellern verbindlich vorgegeben werden. Mehr als kleine Rabatte (zum Beispiel im Rahmen eines Skontos von zwei bis drei Prozent) sind hier kaum zu bekommen. Außerdem müssen Konzessionäre in der Regel hohe Fixkosten wie Raummiete oder Sicherheitskosten tragen. Auf der anderen Seite hat ein reiner Onlineshop, der auf dem grauen Markt operiert, geringere Gemeinkosten und kann mit niedrigeren Margen als Konzessionäre arbeiten, was zu niedrigeren Preisen mit Rabatten im zweistelligen Bereich im Vergleich zu den vom Hersteller vorgegebenen Preisen führen kann.
- /// Größere Preistransparenz: Der marktorientierte Preismechanismus des Graumarktes ermöglicht viel realistischere Preisvergleiche und vermittelt dem Kunden ein besseres

Gefühl für die Werthaltigkeit von Uhren, da hier Angebot und Nachfrage unmittelbarer aufeinandertreffen. Zusätzlich können Sie Preise online besser vergleichen.

/// Mehr Diskretion und ein hohes Sicherheitslevel: In vielen Städten ist es kein Problem, in ein Geschäft zu gehen und eine Luxusuhr zu kaufen – in einigen Gegenden der Welt kann dies jedoch problematisch sein. Und auch in Europa gibt es immer wieder Kriminelle, die Luxusgeschäfte beobachten, Kunden verfolgen und ausrauben. Hier bietet der Onlinekauf (egal ob im Graumarkt oder über Onlineangebote der Hersteller selbst) mit unscheinbar verpackten, voll versicherten Paketen klare Sicherheitsvorteile.

Während es eine ganze Reihe von Vorteilen gibt, die mit dem Kauf einer Uhr auf dem grauen Markt verbunden sind, gibt es ebenso einige schwerwiegende negative Aspekte:

/// Fehlende oder unklare Herstellergarantie: Das erste Problem ist die Tatsache, dass einige Luxusuhrenmarken die Herstellergarantie nicht anerkennen, wenn eine Uhr auf dem Graumarkt verkauft wurde. Damit kann man in die Situation geraten, sich bei einem Garantiefall auf die Garantie des Verkäufers verlassen zu müssen, der in vielen Fällen in einer anderen Jurisdiktion ansässig sein wird und daher andere Garantiebedingungen und kürzere Garantiezeiten bietet als der Hersteller. Dies kann viel Aufwand und höhere Kosten für den Kunden bedeuten.

/// Authentizität der Uhren: Leider werden im Internet viele Replikate von Luxusuhren angeboten. Wenn Sie auf dem grauen Markt kaufen, besteht die Möglichkeit, dass Sie auf nicht authentische Uhren stoßen – besonders, wenn Sie auf wenig reglementierten Seiten mit uneinheitlichen Verkäufern wie Ebay oder Ricardo kaufen. Ebenso befinden sich viele (Online-)Graumarkthändler in anderen Jurisdiktionen oder sind juristisch schwer greifbar, was eine Transaktion riskant werden lassen kann. Aus diesem

Grund ist es sinnvoll, dass Sie nur Uhren von vertrauenswürdigen Graumarkthändlern kaufen. Wenn Sie Bedenken haben, überprüfen Sie die Kundenbewertungen des jeweiligen Geschäfts.

**Tipp für Einsteiger:** Der Graumarkt kann eine attraktive Option sein, wenn man genau weiß, was man kaufen möchte und das leicht höhere Risiko des Onlinehandels für sich akzeptieren kann.

Nachfolgend einige konkrete Handlungsempfehlungen für den Graumarkt.

1/// Lassen Sie sich nicht von Rabatten verführen – wenn Angebote im Graumarkt zu gut sind, um wahr zu sein, dann sind sie es meistens auch nicht. Oder aber die Uhren sind extrem unbeliebt und die Herstellerpreisempfehlung ist vollkommen überzogen – was den Wiederverkauf sehr schwierig werden lassen kann.

2/// Reputation ist wichtig – es gibt gerade in den USA eine ganze Reihe von großen, sehr zuverlässigen Graumarkthändlern wie jomashop.com oder authenticwatches.com, um nur zwei zu nennen.

3/// Achten Sie beim Kauf im Ausland auf zusätzliche Importzölle und -gebühren. Diese können den vermeintlich günstigeren Einkauf schnell teurer als beim lokalen Konzessionär werden lassen. Informationen dazu finden Sie bei Ihrem nationalen Zollbüro.

4/// Viele Graumarkthändler bieten zudem gebrauchte Uhren an (pre-owned) – achten Sie darauf, wenn Sie auf Neuware aus sind.

5/// Klären Sie eventuelle Garantiefragen am besten schriftlich vor dem Kauf.

## Der Gebrauchtmarkt (Sekundärmarkt)

In den letzten 20 Jahren ist das Interesse an Vintage-Uhren in unglaublichem Tempo gewachsen. Einst eine Nischensammelkategorie (das Hauptaugenmerk ernstzunehmender Uhrensammler lag bis in die 1970er-Jahre hinein eher auf Taschenuhren), fanden die Geschäfte traditionell in den Hinterzimmern angesehener Primärmarkthändler statt. Damals waren die Standorte dieser Händler ein streng gehütetes Geheimnis. Und wenn man keine persönliche Empfehlung von einem Bestandskunden hatte, war es fast unmöglich, an die wirklich gefragten Stücke heranzukommen. All das hat sich jetzt natürlich grundlegend geändert – berühmte Vintage-Händler sind zu Stars der Szene geworden und haben bekannte Geschäfte und Onlineauftritte. Auch findet inzwischen ein Großteil des Handels online statt – der Sekundärmarkt für Uhren ist in den letzten 20 Jahren um mehr als 400 Prozent gewachsen.

Es gibt viele Gründe für diesen grundlegenden Kultur- und Wertewandel. Einer ist das Aufkommen der sozialen Medien, die Käufern und Verkäufern gleichermaßen öffentliche Foren bieten, um ihre Leidenschaft zu teilen und zu diskutieren. Ebenso haben Onlineplattformen wie Chrono24 oder Invaluable deutlich mehr Transparenz in den Vintage-Uhrenmarkt gebracht und bieten eine zentrale Informationsquelle und Übersichtsplattform zum Entdecken und Kaufen einer enormen Auswahl an Marken und Modellen. Ebenso wurde viel von dem für den Vintage-Uhren-Kauf notwendigen Wissen in den letzten zehn Jahren demokratisiert und digitalisiert. Heutzutage ist es mehr denn je möglich, viel über Vintage-Uhren zu erfahren und diese sicher zu kaufen.

Bevor man sich dem Thema im Detail widmen kann, sollte man ein paar wichtige Dinge beachten, um sicherzustellen, dass Vintage-Uhren zu einer lohnenden Erfahrung werden und Freude bereiten. Zudem können Vintage-Uhren ein gutes Investment sein, oft ein weit besseres als Uhren vom Primärmarkt.

Sie haben bereits etwas über die zeitliche Abhängigkeit der Begriffe „Vintage“ und „Neo-Vintage“ erfahren – jedoch reicht einfach nur alt zu sein nicht aus, um sich automatisch für den Titel

„Vintage" im Sinne des Sammlers und Investors zu qualifizieren. Armbanduhren gibt es seit Anfang des 20. Jahrhunderts, seitdem wurden Millionen von Exemplaren hergestellt. Die große Mehrheit ist aus Sammlersicht weder bedeutend noch begehrenswert. Was eine begehrte Vintage-Uhr auszeichnet, ist die Qualität ihrer Konstruktion auf technischer und funktionaler Ebene, ihre inhärente geschichtliche Bedeutung und ihr zeitloses Design.

Natürlich sind diese Eigenschaften bis zu einem gewissen Grad subjektiv. Dennoch gibt es bestimmte gemeinsame Merkmale, die den Wert und die Begehrlichkeit einer Uhr maßgeblich bestimmen.

> **Tipp für Einsteiger:** Die folgenden Erklärungen ergänzen die früheren grundlegenden Ausführungen – es gibt darüber hinaus für viele Sammler auch eine starke emotionale Komponente bei der Annäherung an das Thema. Überlegen Sie, welches Thema Sie mitreißt – das können zum Beispiel Taucheruhren sein. Die folgenden Ausführungen sind somit nicht absolut zu sehen, sondern müssen vor dem Hintergrund des eigenen Interesses eingeordnet werden.
> Ebenso werden Sie viele Dinge für sich selbst entdecken müssen und ein eigenes „Auge" für Vintage-Uhren entwickeln – schauen Sie sich deswegen so viele Uhren (am besten im Original) an wie möglich und vergleichen Sie sie.

## 1. Marke und Modell

Im Laufe des letzten Jahrhunderts wurden zahllose Uhren produziert. Die meisten sind für Sammlerzwecke weitgehend irrelevant. Aber wie kann man die relevanten Modelle identifizieren? Zunächst spielt die Marke eine Rolle. Einige Namen tauchen in der Geschichte regelmäßig auf: Audemars Piguet, Blancpain, Breguet, Omega, Patek Philippe, Rolex, Vacheron Constantin und noch einige mehr. Es sind etablierte Schweizer Uhrenhersteller, die eine Schlüsselrolle bei der Entwicklung der Branche gespielt haben (und weiterhin spielen).

Als Nächstes müssen Sie verstehen, welche spezifischen Modelle dieser Marken am begehrtesten sind und warum. Und hier fangen Vintage-Uhren an, wirklich interessant zu werden. Bei Vintage-Uhren sind die entscheidenden Faktoren für die Begehrlichkeit und daraus resultierend auch den Wert oft bestimmte Kleinigkeiten: eine spezifische Referenznummer, das Vorhandensein oder Fehlen bestimmter Texte auf dem Zifferblatt, die Produktionsdauer oder der ursprüngliche Verwendungszweck einer Uhr. Das ist der Grund, warum zwei scheinbar identische Modelle derselben Marke im Wert stark variieren können. Schauen Sie genau hin und Sie werden das eine oder andere subtile Detail finden, das ein Exemplar vom anderen unterscheidet.

Ein gutes Beispiel hierfür ist die Rolex Cosmograph Daytona. Von der „Paul-Newman-Variante" hat so ziemlich jeder schon einmal gehört. Bis vor Kurzem hielt das persönliche Modell des Schauspielers – von dem der Spitzname abgeleitet wurde – den Rekord für die teuerste Armbanduhr, die jemals bei einer Auktion verkauft wurde (17,8 Millionen Dollar, inklusive Aufgeld). Wussten Sie aber, dass es mehrere Variationen des Daytona-Zifferblatts gibt? Einige sind unendlich viel begehrter als andere. Es gibt die „Big Red", die „John Player Special", die „Oyster Sotto" und die Liste geht weiter. In vielen Fällen ist der Unterschied zwischen einem Standard-Zifferblatt und einem hochgradig sammelwürdigen kaum wahrnehmbar, es sei denn, Sie wissen genau, wonach Sie suchen.

**Tipp für Einsteiger:** Schauen Sie sich so viele Uhren an wie möglich – und informieren Sie sich über die sehens- und bemerkenswerten Details der Uhren und im Besonderen der Zifferblätter. Ebenso ist spezielle Literatur mit guten Bildern von den für Sie interessanten Vintage-Modellen hilfreich.

Als Beispiel dafür können diese drei Bücher für die Marken Rolex und Patek Philippe dienen:

- Mondani Family (2020): Rolex Encyclopedia (3 Bände), Genua: Guido Mondani Editore.
- Patrizzi, Oswaldo (2007): Collecting Patek Philippe Wristwatches, Genua: Guido Mondani Editore.
- Patek Philippe Museum (2013): Patek Philippe Watches (Band 1 – Taschenuhren, Band 2 – Taschen- und Armbanduhren), Genf.

## 2. Zustand

Der Zustand einer Vintage-Uhr kann ihren Wert stark beeinflussen. Die einfache Faustregel lautet: Je besser der Zustand, desto höher die Begehrlichkeit und der daraus resultierende Preis. Dabei umfasst der Zustand generell folgende Punkte:

/// Originalität und Unversehrtheit des Zifferblatts (dieses wird von vielen Sammlern als wichtigster Bestandteil einer Uhr angesehen – ihr Gesicht sozusagen)
/// Originalzustand des Werks
/// Ein unbearbeitetes Gehäuse mit scharfen Kanten und ohne übermäßige Gebrauchsspuren
/// Ein allgemein gleichmäßig gealterter Gesamteindruck

Allerdings kann auch ein optisch zunächst sehr guter Zustand trügen. Denn obwohl es etwas verwirrend ist, können erfolgte Wartungs- und Restaurierungsarbeiten den Wert sogar verringern. Einige Sammler bevorzugen ihre Uhren im Originalzustand, mit allen Kratzern. Andere kaufen nur Uhren, die die meiste Zeit in einem Tresor verbracht haben und nur wenig oder gar nicht getragen wurden – eine persönliche Entscheidung. Generell gilt jedoch, dass der Zustand einer Uhr ausschlaggebend dafür ist, wie sie im Sekundärmarkt – besonders bei einer Auktion – abschneidet. Je besser der Zustand, desto höher wahrscheinlich der Preis.

Wie bei jeder Faustregel gibt es auch hier Ausnahmen. Einige Modelle, insbesondere aus den 1950er-Jahren und früher, haben Zifferblätter, die beispielsweise mit nicht sonnenbeständiger Farbe gefertigt wurden. Infolgedessen verblassen und verfärben sie mit der Zeit. Wenn dieser Prozess jedoch gleichmäßig abläuft, kann er den Wert der Uhr sogar erhöhen, auch wenn sie sich nicht im Originalzustand befindet.

**Tipp für Einsteiger:** Diese Nuancen sind es, die in der Welt des Sammelns von Vintage-Uhren deren Reiz ausmachen. Lassen Sie sich davon nicht irritieren – es wird einige Zeit beanspruchen, diese Feinheiten zu begreifen. Wenn Sie Uhren zum Tragen suchen, ist die Frage des Zustands weit weniger zentral als bei Uhren für ein Investment. In der Regel sind Auktionshäuser immer ein guter Anlaufpunkt für Informationen zum Zustand einer Uhr – deren Katalog- und Bildarchive sind in dieser Hinsicht sehr aufschlussreich.

### 3. Provenienz

Wie bei den meisten Sammlerstücken kann die Provenienz einer Vintage-Uhr eine überragende Rolle bei der Bestimmung ihres Wertes spielen. Liegt eine entsprechende Dokumentation vor? Hatte sie einen früheren Besitzer, der berühmt oder historisch bedeutsam ist? Der legendäre britische Musiker Eric Clapton zum Beispiel ist dafür bekannt, dass er eine besondere Vorliebe für komplizierte Patek-Philippe-Uhren hat. In den letzten 20 Jahren kamen eine Handvoll davon auf den Markt, darunter seine Patek Philippe Ref. 2499 in Platin, die für 3,4 Millionen CHF verkauft wurde. Die Verbindung zu Clapton hat diese ohnehin schon extrem seltene Uhr im Preis weiter in die Höhe getrieben. Gleiches gilt für die bereits erwähnte Paul Newman Rolex Daytona. Im Alltag des Sammelns von und des Investierens in Vintage-Uhren spielt die Provenienz jedoch eine eher untergeordnete Rolle, da nur wenige Verbindungen zu Berühmtheiten den Preis wirklich steigern und auch nur sehr wenige derartige Uhren im Markt sind. Ob das verlangte und gezahlte Premium die Sache wert ist, liegt alleine im Ermessen des Käufers – es hat jedoch nichts mit der Uhr an sich zu tun, sondern mit der aktuellen Bekanntheit und Verehrung, die dem früheren Eigentümer entgegenschlägt. Insofern ist dies kein Faktor, welcher der Uhr inhärent ist. Wenn sich die gesellschaftliche Wahrnehmung des Vorbesitzers ändert, kann sich dieses Premium schnell verflüchtigen.

**Tipp für Einsteiger:** Es ist mehr als unwahrscheinlich, dass Sie per Zufall auf Uhren mit bedeutender Provenienz stoßen – es sei denn, Sie investieren große Summen. Lassen Sie die Finger von nicht überprüfbaren Angeboten, gerade alte Verkaufsdokumentationen sind leicht zu fälschen.

Ein sehr wichtiger Bestandteil des Sekundärmarkts sind *Auktionshäuser*. Diese legen vielfach die grundlegende Preisentwicklung von verschiedenen Uhrenmarken und -modellen fest, indem sie einen transparenten, für jeden zugänglichen Marktplatz mit den Regeln von Angebot und Nachfrage schaffen. So werden die mitunter wertvollsten und bedeutendsten Uhren auf Auktionen gehandelt. Gleichzeitig gelten Auktionsergebnisse häufig als Benchmark für den restlichen Sekundärmarkt und beeinflussen sogar indirekt die Preisentwicklung im Primärmarkt. Die wichtigsten internationalen Auktionshäuser sind Christie's, Sotheby's, Phillips, Antiquorum und Bonhams – alle bis auf Antiquorum haben neben Uhren ein sehr breites Sortiment an Auktionen. Darüber hinaus gibt es zahlreiche, auf Uhren spezialisierte regionale Auktionshäuser.

**Tipp für Einsteiger:** Machen Sie sich mit dem Auktionsmarkt vertraut und verfolgen Sie möglichst viele Auktionen. Sie können dabei sehr viel über Uhren und deren Preisentwicklung lernen.

Das Besondere an einer Auktion ist ihr *Eventcharakter* sowie die *Offenheit der Preisfindung*. Eine Auktion funktioniert folgendermaßen: Jedes Auktionshaus erstellt für die angebotene Ware einen Katalog. In diesem werden die Uhren bebildert und (oft sehr detailliert und ausführlich) beschrieben und mit einem Schätzpreis versehen. Hierbei werden meistens ein oberer und ein unterer Schätzwert angegeben – sprich ein Preisband, in welchem sich nach Ansicht des Auktionshauses der Preis bewegen sollte. Auktionshäuser schätzen hier sehr unterschiedlich – in der Regel werden die Preisschätzungen aber eher etwas konservativer sein. Auf dieser Grundlage werden die Uhren zu einem festgelegten Zeitpunkt in einer Präsenzauktion oder aber online aufgerufen und jeder, der sich für eine Auktion registriert hat, kann dort sein Gebot per Handzeichen oder auch online abgeben. Wichtig: Zum Preis, den man bietet (Hammerpreis), kommen noch Gebühren hinzu, die das Auktionsgeld für das Auktionshaus darstellen. Dieses Auktionsgeld wird auch Aufgeld genannt und bewegt sich meist zwischen 20 und 30 Prozent des Hammerpreises. Verbreitet ist eine Staffelung: Je höher die Beträge, desto geringer der prozentuale Aufschlag. Der Eventcharakter, sprich die festgelegte Zeit eines Verkaufs, erhöht den Druck auf die Käuferschaft, ein Stück zu einem spezifischen Zeitpunkt erwerben zu müssen, und normalerweise auch die Zahlungsbereitschaft, denn wenn man nicht in der Auktion kauft, ist das Stück meistens für lange Zeit dem Markt entzogen. So einfach dies alles klingen mag – Auktionen sind komplexe Veranstaltungen, bei denen Sie Zeit brauchen werden, um sich zurechtzufinden sowie die Feinheiten des Preisfindungsmechanismus zu verstehen.

**Tipp für Einsteiger:** Nutzen Sie die Gelegenheit, eine Auktion persönlich zu besuchen – das Flair und der Preisbildungsmechanismus sind einzigartig und überaus interessant. Achten Sie aber darauf, dass Handzeichen zum Bieten in einer Auktion verbindlich sind.

Neben den Auktionshäusern gibt es eine sehr große Anzahl an spezialisierten Sekundärmarkthändlern, von denen sich ein guter Teil auf Vintage-Uhren konzentriert. Denn alleine in puncto Marktvolumen (die meisten Uhren gelangen irgendwann auch wieder in den Sekundärmarkt) ist dies ein bedeutender Teil des Uhrengesamtmarktes. Bei der Auswahl eines Händlers Ihres Vertrauens ist es zum einen unerlässlich, dass Sie Ihre eigenen Erfahrungen machen. Zum anderen ist es nicht sinnvoll, bestimmte Händler zu empfehlen, da die Erfahrungen selten einheitlich sind und die Art, wie Händler gerade mit Vintage-Uhren handeln, oft sehr unterschiedlich sein kann und auch sehr vom persönlichen Geschmack abhängt. Ein Grund dafür ist, dass es keine einheitlichen, von den Herstellern vorgegebenen Standards mehr gibt. Grundsätzlich ist es aber empfehlenswert, die gleichen Regeln wie bei einem Konzessionär zu beachten – mit besonderem Augenmerk auf die weiter oben aufgezeigten Merkmale –, sprich: Insbesondere der Zustand einer Vintage-Uhr ist natürlich ein ganz anderes Thema als bei neuen Uhren im Primärmarkt.

**Tipp für Einsteiger:** Einen ersten Eindruck von der Seriosität und Verlässlichkeit eines Händlers im Sekundärmarkt erhalten Sie oft online. Gerade Chrono24 ist eine gute Quelle für Bewertungen (jeder Händler erhält dort Bewertungen auf Basis seiner abgewickelten Transaktionen), ebenso Trustpilot.

Denken Sie aber letzten Endes auch daran, dass es gerade beim Sammeln von Vintage-Uhren in erster Linie um die persönliche Freude gehen sollte. Wenn Sie kaufen, was Sie lieben und was Sie anspricht, werden Sie nie etwas wirklich falsch machen können.

## ABLAUF VON AUSWAHL UND KAUF

Sie haben bereits einiges zum Thema Auswahl und Kauf von Uhren, egal ob neu oder gebraucht, erfahren. In diesem Kapitel werden noch einmal alle Aspekte des Kaufs zusammengefasst, die wichtigsten Punkte in eine Ordnung gebracht und konkrete Überlegungen angestellt, was man kaufen sollte und wie man dabei vorgehen kann. Natürlich liegt es bei Ihnen, ob Sie sich Hals über Kopf in das Thema stürzen wollen – die meisten Sammler machen am Anfang Fehler, das gehört ein Stück weit zur Lernkurve eines jeden Enthusiasten im Uhrenbereich – oder ob Sie eher vorsichtig vorgehen und nicht jede Kaufgelegenheit nutzen wollen. Die meisten kommenden Punkte werden am Beispiel des Sekundärmarkts illustriert, da der Kauf hier komplexer und mit etwas mehr Risiko behaftet ist – grundsätzlich gilt aber jeder Punkt auch in abgewandelter Form für den Primärmarkt.

**Tipp für Einsteiger:** Die goldene 3-I-Regel beim Kauf von Uhren ist immer „Interesse – Information – Investition“, und zwar in genau dieser Abfolge.

## 1. Festlegen Ihres Budgets

Wenn Sie wissen, wonach Sie suchen, ist der nächste Schritt, ein Budget festzulegen. Gerade für Einsteiger ist dies oft sinnvoll, da die Preisspanne von Luxusuhren enorm ist und man dazu tendiert, sich zu „verrennen", wenn man ohne Budget auf der Suche ist. Machen Sie sich auch keine Sorgen, wenn Sie es sich noch nicht leisten können oder zu wollen, in der Arena der hochpreisigen, extrem begehrten Vintage-Uhren mitzuspielen. Das können nur sehr wenige und mit dem aktuellen Hype um bestimmte Marken und Modelle auf dem Markt werden immer mehr Sammler durch astronomische Preise verdrängt. Auf dem aktuellen Niveau des Marktes liegt der Ausgangspunkt häufig im sechsstelligen Bereich und darüber.

Auf der nächstniedrigeren Einstiegsebene kommen die üblichen Verdächtigen: Darunter wären beliebte Rolex-Uhren, wie die Submariner, die GMT-Master II und ähnliche Uhren, Stahl-Sportuhren von Marken wie Patek Philippe (Nautilus) und Audemars Piguet (Royal Oak) sowie andere historisch bedeutsame Uhren, wie die Omega Speedmaster, auch bekannt als „Moon Watch", und die Blancpain Fifty Fathoms, um nur einige Beispiele zu nennen. Die Preise für diese Modelle können aufgrund einer Reihe von Faktoren variieren, aber Sie können davon ausgehen, im niedrigen bis mittleren fünfstelligen Bereich interessante Optionen zu finden.

Wenn Sie bereit sind, ein wenig zu stöbern, gibt es immer noch viele andere großartige (Vintage-)Uhren – viele für weniger Geld, als Sie vielleicht denken –, die ideal für Einsteiger sind.

## 2. Informieren Sie sich gründlich über Ihren potenziellen Kauf

Wenn Sie eine Uhr gefunden haben, die in Ihr Budget passt und Ihr Interesse geweckt hat, informieren Sie sich gründlich über Ihren potenziellen Kauf. Die Komplexität des Produkts Uhr macht es für den Gelegenheitskäufer schwierig, in den Markt einzutauchen und einen erfolgreichen Kauf zu tätigen, ohne sich umfassend mit einer großen Anzahl von Stilen, Modellen, Begriffen, Spezifikationen und historischen Referenzen auseinandersetzen.

/// Recherchieren Sie, stellen Sie so viele Fragen wie möglich und ziehen Sie, je nach Wert, eine unabhängige Überprüfung oder Inspektion durch den Hersteller in Betracht.

/// Achten Sie darauf, dass Sie nur von seriösen Quellen kaufen, sei es bei einer Auktion, einem Händler oder bei einem Privatverkauf (wird auch als „Kaufen Sie den Verkäufer" bezeichnet). Recherchieren Sie über Ihren Handelspartner, gerade auch online.

/// Versuchen Sie, wann immer möglich, zusätzliche Unterlagen und Informationen zu einer Uhr zu erhalten. Das können neben Zertifikaten, Garantiescheinen, Boxen und Produktinformationen auch Originalrechnungen, Servicebelege oder Versicherungsurkunden sein. In vielen Fällen sind diese Unterlagen gerade bei älteren Vintage-Uhren schon vor Jahren verloren gegangen oder vernichtet worden, aber wenn sie vorhanden sind, können sie zusätzliche Sicherheit bieten und den Wert erheblich steigern.

**Tipp für Einsteiger:** Wenn es zu schön erscheint, um wahr zu sein, ist es das wahrscheinlich auch. Leider sind Fälschungen oder Hehlerware (sprich Ware, die aus einer Straftat wie Diebstahl stammen kann), wie bei Luxusgütern im Allgemeinen, immer noch ein nicht zu unterschätzendes Problem. Bei alten Uhren ist das Problem besonders ausgeprägt, da nur wenige Unterlagen zur Verfügung stehen, um die individuelle Echtheit zu überprüfen.

## 3. Beurteilen Sie den Zustand Ihres potenziellen Kaufs

Den Zustand einer Uhr korrekt zu beurteilen, ist eine Kunst, deren umfassende Beherrschung Jahre in Anspruch nehmen kann. Es ist aber einfach, die Grundlagen zu verstehen und einen offensichtlich schlechten Kauf von einem Vintage-Rohdiamanten zu unterscheiden.

Das Erste, was Sie berücksichtigen sollten, ist das, was Sie mit Auge und Uhrmacherlupe sehen können.

/// Gibt es Schäden am Gehäuse, zum Beispiel Kratzer, Dellen, Chips oder sogar Gravuren?

/// Wurde das Gehäuse poliert? Prüfen Sie stets, ob – und wenn ja in welchem Ausmaß – das Gehäuse schon einmal poliert wurde. Achten Sie auf scharfe Linien und Winkel und ein Minimum an Gehäusekratzern (am besten nur oberflächliche Mikrokratzer). Denken Sie daran, dass eine Uhr nur eine bestimmte Anzahl von Poliervorgängen vertragen kann – Sie sollten keine Uhr kaufen, die zu oft poliert wurde.

/// Wie klar ist das Zifferblatt bedruckt oder hat es Schäden, Kratzer et cetera?

Schauen Sie sich als Nächstes die Rückseite und das Uhrwerk genauer an.

/// Gibt es irgendwelche Schäden durch Rost oder Oxidation?

/// Prüfen Sie, ob die Uhr in den Zeitraum passt, den der Verkäufer angibt.

/// Prüfen Sie, ob die Uhr gewartet wurde (meist an Wartungsmarken – kleinen Markierungen, welche Uhrmacher verwenden – im Deckel zu erkennen).

/// Wenn ja: Wurden Originalteile ersetzt? Hier ist das gefürchtete Schlagwort „Frankenwatch“ entstanden, benannt nach dem Horrorklassiker von 1931, in welchem Dr. Frankenstein seine Schöpfung aus verschiedenen Teilen zusammensetzt und zum Leben erweckt. „Frankenwatch“ bezeichnet dabei ebenfalls eine wertlose Uhr, die aus nicht passenden Teilen und oft nachgebauten, wenn nicht gar gefälschten, Zifferblättern besteht – der Albtraum eines jeden Vintage-Käufers. Sofern Sie eine Vintage-Uhr mit allen (oder fast allen) Originalteilen kaufen möchten, werden Sie genau hinschauen müssen. Achten Sie darauf, ob die Patina wirklich Patina ist – oder ob die Markierungen und Zeiger passend lackiert wurden, um ein einheitliches Aussehen zu erzielen. Ein gelegentliches Nicht-Originalteil ist nicht unbedingt ein grundlegendes Problem. Bis vor circa 30 Jahren bedeutete die Wartung einer Uhr den Austausch von Teilen, um sie in einen möglichst neuwertigen Zustand zu versetzen. Dies führte zu Service-Zeigern, Zifferblättern, Lünetten, neuen Armbändern, Neulackierung und so weiter. Man sollte dies vor dem Kauf wissen, da es sich auf jeden Fall auf den korrekten Preis einer Uhr auswirkt.

Wenn Sie oben genannte Punkte bei einer Uhr feststellen, heißt das tendenziell, dass der Zustand nicht mehr sonderlich gut ist – die Sammelwürdigkeit nimmt ab. Gerade beim Zustand des Zifferblatts sollten Sie wenige oder gar keine Kompromisse eingehen, es ist mitunter der entscheidende Aspekt einer Vintage-Uhr.

Als Nächstes ist ein grundlegender Funktionstest aller Komplikationen und der Gangfähigkeit des Uhrwerks sinnvoll.

/// Läuft die Uhr korrekt an, wenn Sie das Werk aufziehen?

/// Lässt sich das Uhrwerk voll aufziehen oder gibt es Widerstände?

/// Hören Sie unerwartete Geräusche wie ein Klappern oder Klicken?

/// Ist das Werk in einem sauberen Zustand oder gibt es verschmierte oder verschmutzte Bereiche?

/// Funktionieren alle Drücker oder Taster korrekt und aktivieren sie die entsprechenden Komplikationen (Chronograph, Kalenderfunktionen et cetera)?

/// Lassen sich alle Funktionen einstellen und auch korrekt zurückstellen (Überprüfung gerade bei komplizierteren Kalenderuhren wichtig)?

/// Zeigt die Uhr die richtige Zeit an? Und hält sie diese auch – sprich: Geht sie nicht nach oder vor? Dies lässt sich am besten mit einer Zeitmessmaschine überprüfen, welche über das Ticken, das mechanische Uhren von sich geben, während sie laufen, eine Menge über den Zustand der gesamten Uhr verrät.

**Tipp für Einsteiger:** Alternativ gibt es dafür auch schon Apps wie beispielsweise Timegrapher. Wenn eine Uhr nicht richtig läuft, wird die App das anzeigen.

Als Letztes sollten Sie sich den Zustand des Armbands anschauen. Dies gilt natürlich nur für den Fall, dass es ein Originalarmband aus einem Metall wie Edelstahl oder einem Edelmetall ist. Ein Lederarmband ist ein Verschleißartikel, welcher problemlos gegen ein neues Armband ausgetauscht werden kann, ohne dass es den Wert der Uhr selbst beeinträchtigt.

- /// Wie ausgedehnt ist das Armband? Ein wenig Dehnung ist unvermeidlich. Ein Armband dehnt sich, wenn sich die Stifte, die es zusammenhalten, abnutzen. Die gebohrten Löcher in den Gliedern dehnen sich aus und schaffen mehr Platz für die Stifte, sodass diese flexibel werden und „Spiel" im Armband verursachen.
- /// Sie sollten jedoch sicherstellen, dass die Endglieder nicht verbogen oder in irgendeiner Weise beschädigt sind, da dies das Risiko birgt, dass Ihre Uhr zu einem besonders ungünstigen Zeitpunkt vom Handgelenk fällt. Glücklicherweise ist dies durch eine gründliche Inspektion vollständig vermeidbar. Hohle Glieder sind besonders anfällig dafür, bei längerem Tragen beschädigt zu werden. Vergewissern Sie sich daher, dass jeder Stift sicher in seinem gebohrten Loch sitzt, und stellen Sie sicher, dass sich das Armband nicht verwinden kann. Wenn dies der Fall ist, sollten Sie es ersetzen.
- /// Massive Endglieder und massive Armbandglieder sind weniger anfällig für Dehnung, sollten aber dennoch untersucht und sogar einem Belastungstest unterzogen werden, indem Sie am Armband ziehen und es an Ihrem Handgelenk befestigen. Die Uhr sollte mittig an Ihrem Handgelenk sitzen, sodass der Gehäuseboden vollständigen Kontakt mit Ihrer Haut hat. Wenn ein Endglied verbogen ist, kann die Uhr falsch sitzen.

## 4. Erkundigen Sie sich nach der Herkunft der Uhr und Ihrer Provenienz

Im Grunde sollten Sie versuchen, herauszufinden, woher Ihre Uhr stammt. Dabei spielen drei Aspekte eine Rolle:

- /// Erstens: Wer ist der Verkäufer? Ist es ein angesehener Händler oder ein unbekanntes Geschäft? Ist es ein Auktionshaus? Ist es ein Freund oder Bekannter? Die Antwort wirft oft weitere Fragen auf wie Vertrauenswürdigkeit, Transparenz oder auch die Ausgestaltung der Garantiebedingungen beziehungsweise Mängelhaftung.
- /// Zweitens: Wie viele Leute haben die Uhr bereits besessen? Dies ist oft nicht eindeutig zu ermitteln. Als Faustregel gilt: Je weniger Besitzer, desto begehrenswerter ist die Uhr in der Regel. Angenommen, es gab nur einen Besitzer – den Erstbesitzer –, bedeutet das, dass dieser die Uhr neu gekauft hat. Wenn die Uhr im Laufe der Jahre in irgendeiner Weise gewartet oder verändert wurde, kann dies meist nachvollzogen werden, auch wird in der Regel die Dokumentation besser sein. Bei mehreren Besitzern haben Sie oft eine weniger klare Vorstellung davon, was die Uhr bisher durchgemacht hat.
- /// Drittens: Wer hat die Uhr vorher besessen? War einer der Besitzer berühmt? Dies wird den Wert der Uhr stark beeinflussen, wenn Sie zum Beispiel versuchen, eine Uhr zu kaufen, die einem berühmten Schauspieler gehört hatte.

**Tipp für Einsteiger:** Machen Sie sich nicht zu viele Gedanken um die Herkunft Ihrer Uhr – meist ist das Thema der Provenienz eher zu vernachlässigen. Wichtig ist oft nur die Quelle der Uhr – Sie sollten bei dem Verkäufer stets ein gutes Gefühl haben.

Wenn Sie diese vier Punkte beherzigen, sind die Chancen, gute Käufe zu tätigen, sehr gut. Und ja, der Prozess kann einige Zeit in Anspruch nehmen. Vielleicht verpassen Sie sogar das eine oder andere gute Geschäft, aber Sie werden sich mit den Besonderheiten Ihrer Wunschuhr gründlich vertraut machen. Schon bald wird Ihnen diese Checkliste zur zweiten Natur werden und Sie werden die Gefahr, einen schlechten Kauf zu tätigen, drastisch verringern.

Ein letzter wichtiger Punkt dazu: Jeder Sammler hat andere Prioritäten. Einige wollen nach musealen Exemplaren in perfektem Zustand suchen, um diese in einem Schließfach aufzubewahren, während sie auf eine Wertsteigerung warten. Anderen ist die Provenienz egal oder ob die Uhr poliert wurde oder sogar der Preis – sie wollen nur etwas zum Tragen haben, ohne sich Gedanken über zukünftige Verkäufe oder eventuelle Vorbesitzer zu machen. Es ist völlig in Ordnung, sich die Kriterien herauszupicken, die für einen selbst wichtig sind.

# WIE VERKAUFE ICH UHREN?

Der Verkauf von Uhren funktioniert letztendlich wie der Kauf – nur in die andere Richtung gedacht. Grundsätzlich haben Sie beim Verkauf von Uhren die gleichen Freiheiten wie beim Kauf.

/// Sie können Ihre Uhr bei einem Konzessionär in Zahlung geben, wenn Sie eine neue Uhr kaufen (Primärmarkt).

/// Sie können einen der zahlreichen Sekundärmarkthändler kontaktieren und hier Angebote für Ihre Uhren einholen. Dabei empfiehlt es sich, zunächst per E-Mail Kontakt aufzunehmen und Bilder zu versenden. So klären Sie ab, ob eine Verständigung auf Ihre Preiserwartung und das, was der Händler bietet, möglich sein wird.

/// Sie können ein Auktionshaus kontaktieren, ihm eine Beschreibung und Bilder Ihrer Uhr zukommen lassen und diese dann dort zu einer kommenden Auktion einliefern.

/// Sie können Ihre Uhr in Eigenregie verkaufen – dafür empfehlen sich zum Beispiel Uhrenplattformen wie Chrono24 oder ChronoTrader, aber auch diverse Uhrenforen. Außerdem können Sie auch eine Anzeige in einer lokalen Zeitung, auf Ebay oder Ebay Kleinanzeigen schalten.

**Tipp für Einsteiger:** Händler unterscheiden sich sehr hinsichtlich Kundenbewertung und Seriosität – holen Sie sich unbedingt mindestens drei bis vier Angebote ein, bevor Sie sich zu einem Verkauf entschließen.

All diese Methoden, eine Uhr zu verkaufen, sind mit Vor- und Nachteilen verbunden.

Bei den ersten beiden Methoden werden Sie mit hoher Wahrscheinlichkeit nicht den besten Preis erzielen, der möglich ist – Sie müssen einkalkulieren, dass jeder Händler auf Ihre Uhr eine Marge für seinen Weiterverkauf hinzurechnet. Gleichzeitig sind beide Möglichkeiten des direkten Verkaufs an Händler ein schneller und direkter Weg, Ihre Uhr zu verkaufen, und Sie erhalten im Normalfall die Zahlung direkt.

**Tipp für Einsteiger:**

- Achten Sie unbedingt auf die Seriosität des Händlers. Sollten Sie mit einem Händler noch nie zuvor zu tun gehabt haben, sollten Sie Erkundigungen einholen und eine Transaktion unbedingt Zug um Zug (sprich Übergabe gegen Barzahlung) abwickeln.
- Bedenken Sie bei der Preisfindung unbedingt auch Ihr vorhandenes Zubehör, wie zum Beispiel Box und Papiere.
- Einige Händler nehmen Uhren auch in Kommission, meist zu höheren Preisen, und bieten Ihnen somit an, diese für Sie gegen Gebühr zu verkaufen. Der Nachteil ist die potenziell sehr lange Zeitspanne bis zum Verkauf, da das Angebot für einen potenziellen Käufer weniger attraktiv ist.

Der Weg des Verkaufs über ein Auktionshaus ist nur ein Sonderweg: Hier sind die Verkaufs- und auch Zahlungsprozesse deutlich länger (in der Regel dauert es bis zu sechs Monate von der Einlieferung bis zur Auszahlung) und der Verkauf selbst ist mit einem grundsätzlich höheren Risiko verbunden. Das Risiko liegt allerdings nicht in der Seriosität der Abwicklung – in der Regel sind die etablierten Auktionshäuser sehr solide Handelspartner –, sondern im Prinzip der Auktion an sich: Ein Auktionshaus wird Ihre Uhr mit einem Schätzpreis versehen, der in der Regel unter dem Marktpreis liegt und Ihnen als Verkäufer relativ niedrig vorkommen wird. Das Auktionshaus tut dies, um sein Angebot möglichst attraktiv zu gestalten. Sie als Verkäufer tragen nun das Risiko, dass Ihre Uhr in der Auktion nicht gut funktioniert und zu dem relativ niedrigen Startpreis weggeht. Dazu kommen für Sie als Verkäufer auch relativ hohe Verkaufsgebühren von circa 10 bis 20 Prozent hinzu, wenn sie keine etablierte Beziehung zu einem Auktionshaus haben. Und natürlich zahlt der Käufer auch noch ein Premium an das Auktionshaus (meist 25 bis 30 Prozent), was den Kauf für ihn zusätzlich verteuert. All dies schreckt viele Leute ab, sich an ein Auktionshaus zu wenden. Dennoch ist der Weg über eine Auktion gerade bei besonders hochwertigen und hochpreisigen Uhren oft der effizienteste Verkaufsweg, denn bei Auktionen werden gerade für seltene und begehrte Stücke oft Preise erzielt, die deutlich über dem Schätzwert liegen können.

Der letzte Weg, der des Direktverkaufs, birgt in der Regel das höchste Risiko für Sie als Verkäufer, da Sie direkt an einen anderen Sammler oder Uhreninvestor verkaufen, ohne einen Intermediär wie einen Händler oder ein Auktionshaus zu integrieren. Sprich: Sie tragen das gesamte Risiko der Transaktion selbst – und hier gibt es einiges zu beachten.

/// In der Regel werden Sie auf eine digitale Plattform angewiesen sein, die je nach Ausgestaltung Gebühren verlangt. Diese liegen in der Regel unter den Gebühren eines Auktionshauses, sind aber dennoch einzukalkulieren. Die bekanntesten Plattformen wie Ebay oder Chrono24 haben ein breites Angebot und sind im Markt sehr gut etabliert. Bei der Preisfindung und Preisgestaltung sind Sie natürlich vollkommen frei – am besten orientieren Sie sich an den anderen Angeboten auf den Plattformen, welche mit Ihrer Uhr identisch oder vergleichbar sind.

/// Ein großes Problem dabei ist die Seriosität des Käufers – Sie wissen nie mit Sicherheit, wer Ihnen ein Angebot unterbreitet und wie seriös diese Person ist.

- /// Achten Sie daher bei jeder Transaktion auf Ihre persönliche Sicherheit, geben Sie keine persönlichen Daten preis, die nicht unbedingt notwendig sind, und treffen Sie sich bei der physischen Übergabe an einem sicheren Ort. Besonders geeignet sind in der Regel Banken, Ihre Hausbank stellt Ihnen sicher gern einen Raum zur Verfügung, in dem Sie sich in aller Ruhe mit Ihrem Transaktionspartner treffen können. Dies ist auch bei einer Barzahlung hilfreich, da Sie die Echtheit der Barmittel direkt überprüfen lassen können.
- /// Achten Sie auch darauf, dass Sie den Kauf oder Verkauf schriftlich korrekt festhalten. Ein privater Kaufvertrag sowie eine Kopie des Passes des Käufers empfehlen sich. Sie müssen die Verkäufer auch für Ihre persönliche Steuer dokumentieren.
- /// Achten Sie darauf, nicht zu viele Uhren gleichzeitig zu verkaufen – gerade online ist dies nachvollziehbar und führt dazu, dass Sie damit unter Umständen ins Visier von Kriminellen geraten.

**Tipp für Einsteiger:** Da der Direktverkauf über Onlineplattformen relativ risikobehaftet ist, sollten Sie, wenn Sie damit noch wenig Erfahrung haben, auf eine andere Verkaufsmethode zurückgreifen – die sicherste Methode ist meiner Meinung nach der Verkauf über ein Auktionshaus, gerade weil die Transaktionspartner anonym bleiben und voneinander getrennt sind. Sollte Ihnen der Aufwand mit einem Auktionshaus zu hoch sein, gibt es auch spezialisierte Unternehmen (zum Beispiel AUPARO, www.auparo.de), welche das Auktionsrisiko übernehmen und Ihre Uhr direkt zu einem objektiven Marktpreis ankaufen.

Da der Verkauf einer Uhr genauso wie der Kauf zum Sammeln von und zum Investieren in Uhren dazugehört, werden Sie mit der Zeit ein gutes Gefühl für die verschiedenen Verkaufsmöglichkeiten entwickeln. Probieren Sie verschiedene Verkaufskanäle aus, nicht jeder Kanal ist gleich gut für jede Uhr geeignet. So ist es in der Regel relativ einfach, Uhren bis 10.000 Euro zu handeln, da der Markt hier deutlich liquider ist als zum Beispiel für Uhren über 100.000 Euro. Bei diesen Stücken ist dringend dazu geraten, einen Intermediär einzuschalten, um Risiken zu minimieren und Verkaufschancen zu erhöhen.

# WIE SAMMLE ICH UHREN?

Das Uhrensammeln, wie wir es heute kennen, ist ein relativ neues Gebiet, wobei die meisten der rekordverdächtigen Verkäufe, die zu der gesellschaftlichen Popularität von Uhren geführt haben, in den letzten 20 Jahren stattgefunden haben.

Die Anfänge dieses Phänomens gehen teilweise auf das Jahr 1989 zurück, als Patek Philippe zusammen mit dem Auktionshaus Habsburg, Feldman 300 seiner historischen Uhren und eine besondere, neu vorgestellte Taschenuhr (eine Kaliber 89) verkaufte, um das 150-jährige Bestehen des Unternehmens zu feiern. Am 9. April 1989 erregte der Rekordverkauf des Kalibers 89 für 3,2 Millionen Dollar weltweites Medieninteresse und seither blieb die Uhr als Kunst-, Sammel- und Wertobjekt im öffentlichen Fokus.

Heute ist der Markt für Uhren zwar nicht mehr billig, aber er bietet Sammelwilligen auf allen Ebenen einen spannenden Einstieg. Das Sammeln von Uhren ist eine Beschäftigung für sich, die viel mit Wissen, Leidenschaft und Begeisterung zu tun hat – und relativ beliebt ist. So geben circa 40 Prozent aller Uhrenkäufer an, sich als Sammler zu bezeichnen.

Gleichzeitig ist es meiner Auffassung nach grundlegend falsch, in das Sammeln von Uhren „hineinzuschlittern", denn Sammeln erfordert einiges an Hintergrundüberlegungen, wenn es denn ernst zu nehmendes Sammeln sein soll. Sonst wird daraus meist nur ein Anhäufen von Uhren – was auch aus der Perspektive der Werthaltigkeit und Werterhaltung meist zu keinen guten Resultaten führt. Gleichzeitig bereuen die meisten Uhrensammler ihre frühen Käufe später – ebenso ihre frühen Verkäufe. Damit dies möglichst minimiert wird – ein Stück weit gehört es natürlich zum Erlebnis und Erlernen des Sammelns dazu –, ist es wichtig, sich mit der Tätigkeit des Sammelns selbst zu beschäftigen.

## WAS SAMMELN AUSMACHT

Wir alle sammeln Dinge. Es gibt Sammler von Gemälden und es gibt Sammler von Oldtimer-Autos. Manche sammeln Münzen, andere Briefmarken, wieder andere sammeln Uhren. Alles ist sammelbar. Es gibt nichts, was sich nicht zu einer Sammlung entwickeln ließe.

Wir alle sammeln auch Dinge an, eine Angewohnheit, geboren aus der menschlichen Urangst vor dem Mangel. Sammeln ist jedoch etwas anderes als Anhäufen: Anhäufen hat etwas mit dem Verhalten der Dinge zu tun. Sie häufen sich von selbst an, wenn wir uns nicht bemühen, sie von Zeit zu Zeit loszuwerden. Das Entsorgen erfordert viel Aufwand, das Anhäufen wenig. Anhäufen im Übermaß ist Horten. Anhäufen ist zudem wahllos und ein Ende ist nicht Teil des Konzepts. Sammeln unterscheidet sich vom Anhäufen dadurch, dass es einem Ordnungssystem folgt und ein klares Ziel hat.

**Tipp für Einsteiger:** Fangen Sie besser nicht damit an, Uhren zu horten. Dies ist schon einigen Begeisterten passiert und führt zu nichts. Machen Sie sich von Anfang an Gedanken über Ihre ganz individuellen Regeln und Vorstellungen zum Sammeln – und halten Sie diese schriftlich fest, um sich stets daran messen zu können; dies kann ein guter Kompass sein.

Denn das Sammeln folgt stets einer Reihe von selbst auferlegten *Regeln*. Wenn wir sammeln, bringen wir zunächst einmal Objekte zusammen, die zu einer Art von Gruppe gehören. Sie können auf die eine oder andere Weise gleich sein oder unter einer bestimmten Rubrik zusammengefasst werden, explizit oder implizit, logisch oder nicht. Der eine sammelt vielleicht ausschließlich Patek-Philippe-Uhren einer bestimmten Zeitperiode wie den 1940er-Jahren; der andere sammelt Uhren aller Art mit einem bestimmten Motiv auf dem Zifferblatt (zum Beispiel das Olympialogo); wieder ein anderer sammelt nur Taucheruhren aller Marken. Oberflächlich betrachtet mag die Einteilung willkürlich erscheinen; eine Sammlung von Vintage-Uhren mag keine erkennbare Ordnung aufweisen, aber ihr Besitzer kann Ihnen mitteilen, dass sie alle unter 1.000 Euro gekauft wurden. Der Sammler legt also die *Taxonomie* seiner Sammlung selbst fest.

Der Sammler legt ebenfalls die *Kategorie* seiner Sammlung fest. Wenn er sie zu eng fasst, kann die Sammlung zu leicht vervollständigt werden, oder sie ist zu schwer zu vervollständigen, weil sich die verfügbaren Exemplare als zu selten erweisen. Bei einer zu weit gefassten Definition kann eine Sammlung ihren Sinn für Ordnung verlieren und zu einem Sammelsurium von Kleinigkeiten werden. Eine Sammlung von Uhren, auf deren Zifferblatt ein Pferd abgebildet ist, ist zu eng begrenzt und bringt Sie nicht sehr weit. Das Sammeln von Uhren mit Automatikwerk aus allen Zeitperioden hingegen wird sich als zu weit gefasst erweisen.

Sammeln ist eine taxonomische Übung. Daraus folgt, dass sich das Sammeln ein eigenes Ziel setzt und dieses zu erreichen sucht – sprich: Beim Sammeln geht es immer auch um *Abgeschlossenheit* und *Vollständigkeit*. Wenn man mit dem Sammeln beginnt, hat man eine Vorstellung davon, wie die Sammlung vervollständigt werden soll. Das Ziel kann naheliegen und leicht zu erreichen sein, es kann aber auch in weiter Ferne liegen und die Sammlung wird vielleicht nie abgeschlossen. Manchmal definiert sich das Ziel auch neu, wenn die Sammlung wächst.

Ab wann kann man von Sammeln sprechen? Drei oder fünf Exemplare machen kaum eine Sammlung aus; zehn Exemplare können schon die Grundlage einer Sammlung bilden. Aber eine ernstzunehmende Sammlung setzt eine große Anzahl von Exemplaren voraus. Die Gewohnheit des Sammelns beginnt oft schon früh im Leben und sie beginnt mit einer Faszination für Vielfache. Vielfache von etwas sind immer interessanter als ein einzelnes Exemplar, sie bilden ein spezifisches Muster aus Gleichheit und Unterschied.

Eine gute Sammlung hat also eine *klare Form*. Das Anlegen einer interessanten Sammlung ist daher eine Kunst für sich und erfordert das ästhetische Grundprinzip der Ausgewogenheit von Einheit und Vielfalt. Sie werden feststellen, dass Uhren daher ein sehr guter Sammlungsgegenstand sind. So ist eine Uhrensammlung interessanter, wenn sie sich an Uhren mit den gleichen Proportionen hält und solche ausschließt, die davon abweichen (zum Beispiel das Sammeln von Patek-Philippe-Calatrava-Uhren).

Eine Sammlung kann daher unabhängig vom Wert der Gegenstände, aus denen sie sich zusammensetzt, beeindruckend sein. Die Gegenstände in einer Sammlung können an sich wenig wertvoll sein, aber die Sammlung in Summe kann bemerkenswert sein, je nachdem, wie sie konzipiert, aufgebaut und umgesetzt wurde. Das Sammeln von Wertgegenständen wie Kunstwerken, Vintage-Uhren oder seltenen Autos unterscheidet sich in dieser Hinsicht im Prinzip – überspitzt formuliert – nicht vom Sammeln von Kronkorken, leeren Weinflaschen oder Büroklammern.

Eine große Kunst- oder Uhrensammlung (auch Uhren können als Kunstgüter aufgefasst werden, nicht umsonst gibt es den Begriff des Kunsthandwerks) als solche ist die *künstlerische Schöpfung des Sammlers*. Das Sammeln von Uhren ist gleichwohl eine größere Herausforderung als das Sammeln von Kronkorken. Der Bestand an Objekten, der dem Sammler potenziell zur Verfügung steht, kann nämlich sehr rar sein, wie beispielsweise im Fall von Patek-Philippe-Chronographen mit ewigem Kalender vor 1960, oder er kann unkontrollierbar umfangreich sein, wie im Fall moderner Uhren. Privaten Sammlungen fehlt daher in der Regel ein starkes Ordnungsprinzip. Man kauft die Objekte, die auf dem Markt auftauchen ... und sie kommen zufällig auf den Markt.

Manche „Sammler“ sammeln Uhren, um sie später mit Gewinn zu verkaufen; sie sind eher Händler und Investoren als Sammler.

> **Tipp für Einsteiger:** Der wichtigste Ratschlag für Sammlungsanfänger lautet, das zu kaufen, was einem gefällt, unabhängig vom Namen und dem Versprechen eines steigenden Marktwerts. Sie werden dann nur Uhren besitzen, die Sie immer wieder gern tragen und an denen Sie persönlich Freude haben, auch wenn ihr Wert nicht steigt. Eine Sammlung, die auf dem persönlichen Geschmack des Sammlers beruht, mag zufällig erscheinen. Aber eine großartige Sammlung ist immer auch ein Zeichen für den ausgeprägten Geschmack und die Persönlichkeit des Sammlers.

Ein seriöser Sammler legt vor allem *Wissen* und *Kennerschaft* an den Tag, es ist eine kopfgetriebene, kontrollierte Aktivität. Oft sammelt ein Sammler aber auch mit einer fanatischen Leidenschaft, die an *Besessenheit* grenzt. Um die Sammlung zu vervollständigen, sucht er verzweifelt nach fehlenden Objekten, reist weit, um sie zu finden, und ist bereit, für das Objekt der Begierde hohe Summen zu bezahlen.

> **Tipp für Einsteiger:** Bauen Sie von Anfang an Ihre Wissensbasis gezielt aus – Wissen ist für erfolgreiches Sammeln die Grundlage. Und lassen Sie sich vor allem zu Beginn nicht von zu viel Leidenschaft dazu verleiten, hohe Ausgaben zu tätigen. Oft muss das Konzept einer Sammlung erst wachsen, um sinnvoll größere Käufe tätigen zu können.

## SAMMELGEBIETE

Daraus ergibt sich für den motivierten Uhrensammler oft ein Problem: Da es legitim ist, *alles* zu sammeln – also jede Taxonomie und Kategorie und natürlich auch jede Marke –, ist es eine große Herausforderung, sich zu entscheiden, *was* man sammeln soll.

Das ist natürlich eine *individuelle Herausforderung* – Sie werden wahrscheinlich bereits eigene Ideen haben. Jedoch werden

Sie feststellen, dass nicht alle Ideen auch gleich gut zum Sammeln geeignet sind (nicht zu vergessen auch die Abhängigkeit von Ihrem Budget). Einige Themen erfordern einen viel höheren Kapitaleinsatz als andere. Wenn Sie beispielsweise eine Sammlung der derzeit so beliebten Stahl-Sportuhren der 1970er-Jahre bis heute aufbauen wollen, wird der Kapitaleinsatz siebenstellig. Das kann und will nicht jeder.

Um besser bewerten zu können, ob eine Sammlungsidee gut für einen geeignet ist, möchte ich am Beispiel eines heute sehr beliebten Sammelthemas aufzeigen, welche Faktoren bei Uhren dazu beitragen, diese zu einer Sammlung auszubauen. Im Zentrum vieler Sammlungen steht heute Patek Philippe, eine der begehrtesten und vielschichtigsten Marken überhaupt (natürlich auch inklusive Unterthemen, wie beispielsweise Uhren mit Chronographen).

Im Wesentlichen gibt es *fünf Faktoren für das Sammeln* – die auch erklären, weshalb Patek Philippe (zumindest nach Meinung vieler Uhrenliebhaber) die begehrteste Sammler-Uhrenmarke der Welt ist.

**Tipp für Einsteiger:** An den fünf Faktoren können Sie jede Uhrenmarke messen – je stärker die einzelnen Faktoren ausgeprägt sind, desto konkreter und sinnvoller kann man die jeweilige Marke sammeln.

1. Handwerkskunst

Fangen wir mit dem Wichtigsten an – den Uhren selbst. Seit dem Beginn des Unternehmens war es das Ziel der Gründer, „die perfekteste Uhr" zu bauen. Im Laufe der Zeit hat sich die Definition von „perfekt" für das Unternehmen geändert, aber der Fokus lag immer auf der Herstellung der genauesten und ästhetisch schönsten Uhren im Markt. Das Ergebnis ist nicht nur ein historisches Bekenntnis zur Uhrmacherkunst auf höchstem Niveau, sondern auch ein ebenso großes Engagement für die Bewahrung traditioneller Handwerkskunst, einschließlich aller Techniken von Emaillierung, Juwelenbesatz, Gravur und Intarsienarbeiten. Ebenso hat das Unternehmen diese Handwerkskunst regelmäßig modernisiert und so immer wieder die interessantesten Uhren seiner Zeit produziert.

2. Ästhetik und Design

In puncto Uhrenästhetik kann keine andere Marke auf eine so große historische Bandbreite zurückblicken wie Patek Philippe. Das Unternehmen hat Uhren in Tausenden von Variationen hergestellt und dabei verschiedene Ausprägungen der Uhrmacherkunst betont. Dabei teilen alle diese Uhren eine gemeinsame ästhetische Basis und verkörpern ein spezifisches Design, welches klarmacht, wie sich Patek Philippe in Bezug auf die traditionellen Veredelungstechniken bei Uhrwerken, Gehäusen und Zifferblättern von der Masse anderer Hersteller abhebt.

3. Seltenheit

Bei einer so großen Produktvielfalt und über 180 Jahren Firmenhistorie ist bemerkenswert, wie wenige Patek-Philippe-Uhren tatsächlich existieren. Man schätzt, dass weniger als eine Million Exemplare seit dem Tag der Gründung des Unternehmens hergestellt wurden – das ist eine relativ überschaubare Zahl, wenn man bedenkt, dass andere Uhrenhersteller wie Rolex mehr als eine Million Uhren pro Jahr produzieren. Viele Modelle wurden nur in Kleinserien hergestellt, mit hohem Handwerksanteil, und viele sind sogar Einzelstücke, was sie in die Sphäre von Kunstobjekten rückt. Diese Möglichkeit, ein wahres Kunstwerk, das von Hand gefertigt wurde, für einen überschaubaren Betrag zu erwerben, ist das ultimative Wertversprechen für das Sammeln von Patek Philippe.

4. Fundierte Wissensbasis

Ein zentraler Aspekt beim Sammeln ist die verfügbare Wissensbasis, nur so lassen sich präzise, überprüfbare Kriterien für das Sammeln festlegen. Hier gibt es große Unterschiede zwischen den verschiedenen Marken, oft ist der Kauf von modernen Uhren bei Konzessionären oder anderen Händlern im Primärmarkt die einzige Möglichkeit, sicher zu wissen, woher die Uhr stammt. Bei Patek-Philippe-Uhren gibt es jedoch darüber hinaus ein Instrument, welches es dem Sammler leicht macht, seine Uhren direkt zu überprüfen und so fundierte Daten für das Sammeln zu erhalten.

Die bei Patek Philippe erhältlichen „Auszüge aus den Archiven“ ermöglichen es, das ursprüngliche Produktions- und Verkaufsdatum jeder jemals hergestellten Patek-Philippe-Uhr zu ermitteln und eine allgemeine

Beschreibung zu erhalten, wie eine Uhr aussah, als sie ursprünglich die Manufaktur verließ. In gewisser Weise ist dies die Basis für das Sammeln und die Grundlage für alle weiteren Nachforschungen sowie kritischen Beurteilungen von Gehäusen, Zifferblättern und Uhrwerken der Marke durch den Sammler. Auch andere Hersteller haben diese Aufzeichnungen ihren Sammlern zugänglich gemacht – keiner tut dies jedoch so konsequent und umfassend wie Patek Philippe.

5. Wert und Investition
Die Investition steht nicht im Mittelpunkt des Sammelns – im Gegenteil, sie kann dem Sammeln sogar abträglich sein: Das Sammeln als Investition bringt im Allgemeinen nicht die gewünschten Resultate, da viele Sammler dabei Fehler machen und aus den falschen Gründen kaufen – die Besessenheit des Sammelns sticht häufig die Logik der Investition aus.
Da es aber beim Sammeln von Uhren auch immanent um Werte geht, kann man sagen: Die Zahlen sprechen bei Patek Philippe für einen positiven Zusammenhang und keine andere Uhrenmarke behält oder steigert ihren Wert mehr als Patek Philippe. Es gibt gute Gründe, weshalb wertmäßig circa 45 Prozent des weltweiten Uhrenauktionsmarktes von Patek Philippe dominiert werden. Dieser Fakt trägt sehr zur Sammelwürdigkeit der Marke bei, da die naturgegebene Limitierung eines Sammlerbudgets ökonomische Überlegungen nach sich zieht: Man kann nicht alles kaufen, aber wenn die gekauften Uhren werthaltig sind, können sie durch einen lukrativen Wiederverkauf zur Erweiterung einer Sammlung beitragen. Schließlich sammelt niemand gern Objekte, die stark an Wert verlieren.

Anhand dieser fünf Faktoren lassen sich sehr viele Sammlungsthemen erschließen – die Sinnhaftigkeit ist ein wichtiger Bestandteil des Sammlungsgedankens. Wenn Sie nun Ihre persönlichen Interessen und Vorstellungen dagegenhalten, werden Sie bald ein gutes Regelset für Ihre Sammlung erhalten.

**Tipp für Einsteiger:** Zur Inspiration hier noch eine kleine Aufzählung von derzeit populären Sammelgebieten für Uhren:

- Stahl-Chronographen der 1960er- bis 1980er-Jahre
- Uhren von Heuer der 1970er- und 1980er-Jahre
- Uhren von Universal Genève der 1970er- und 1980er-Jahre
- Uhren von Cartier der 1920er- und 1930er-Jahre aus Platin
- Elegante 2-Zeiger-Uhren mit Goldgehäuse (oft auch „Dresswatch" genannt)
- Frühe elektronische Uhren (Beta-Quartz)
- Rolex-Taucheruhren (zum Beispiel Submariner oder Deepsea)
- Klassische amerikanische Armbanduhren bis 1950
- Uhren mit einem Durchmesser von mehr als 38 mm bis 1960
- Uhren aus Filmen

Die Liste lässt sich beliebig fortsetzen.

# WIE INVESTIERE ICH IN UHREN?

Wenn man Uhren als Investment betrachtet, kommt eine zusätzliche Dimension hinzu, die vorher nicht wichtig war und die auch nichts mit dem Objekt Uhr an sich zu tun hat. Es geht auf einmal nicht mehr nur darum, was einem persönlich gefällt, was technisch interessiert oder was einem das Gefühl gibt, seine Persönlichkeit ausdrücken zu können. Es geht nun schlicht und ergreifend um den *Werterhalt* oder die *Wertsteigerung* von Uhren als *Investmentobjekt*. Eine nüchterne Sicht, bei welcher sich die meisten Sammler und Uhrenenthusiasten schwertun, objektiv zu bleiben oder auch nur darüber zu reden. Viele sehen Uhren nämlich nach wie vor nur als Hobby und wehren sich gegen den Gedanken, dass sie in der heutigen Zeit ein sehr interessantes Investment sein können. Ebenso schreiben viele Medien dagegen an, wohl aus dem Interesse heraus, Uhren in erster Linie als emotionale Objekte zu definieren und die potenziellen Käufer dazu zu bringen, den Wert nicht ganz so genau zu analysieren.

Die Zahlen hingegen sprechen eine eindeutige Sprache: So hat sich der Sekundärmarkt seit 2010 sehr stark entwickelt; die Wertentwicklung der zehn wichtigsten Marken und ihrer jeweils 20 wichtigsten Modelle (zusammengefasst im GUSI Index) ist um 297 Prozent angestiegen. Dies hat zur Folge, dass global besonders begehrte Modelle wie die Nautilus von Patek Philippe oder die Royal Oak von Audemars Piguet praktisch nicht mehr zu bekommen sind, zu enormen Aufschlägen zum Primärmarkt gehandelt werden und das ganze Segment mitziehen – ein Fakt, welcher den Sammler, der zu spät gekauft hat, zunächst ärgern wird. Für ein reines Investment hingegen sind diese Entwicklungen sehr wichtig, da sie den Grundstein für Uhren als Investitionsvehikel gelegt haben.

Der Einstieg in diesen Markt erfordert einiges an *Hintergrundwissen, Marktkenntnisse* und nicht zuletzt ein umfassendes *Netzwerk*, um an wirklich interessante Objekte heranzukommen. Wirklich neu im Markt ist neben einem Direktinvestment auch die Möglichkeit, über Aktien in die Wertentwicklung von Uhren zu investieren, ohne diese persönlich kaufen zu müssen – hier sei auf die Firma AUPARO verwiesen. Es ist sehr zu hoffen, dass sich solche Konzepte weiter durchsetzen werden, da sie dem Uhren-Sekundärmarkt als solchem sehr gut tun und eine nachhaltige Preisentwicklung unterstützen können. Denn erst der Übergang von einem Liebhaberobjekt zu einem Investmentobjekt lässt die Uhr dort ankommen, wo sie hingehört – bei der Kunst.

## INVESTITIONSOPTIONEN

Grundsätzlich bieten sich Uhren zunächst einmal als Direktinvestment an, denn sie bieten große Vorteile: Leichte Lagerbarkeit in Schließfächern, sehr überschaubare Wartungskosten und hohe Flexibilität zeichnen Uhren als Investment aus.

> **Tipp für Einsteiger:** Wenn Sie Uhren als Investment sehen, sollten Sie unbedingt auf eine entsprechende Versicherung zur Absicherung gegen Diebstahl, Verlust et cetera achten, die größten Risiken für Ihr Investment.

Grundsätzlich muss man zwischen dem Primärmarkt mit neuen, neuwertigen und aktuell produzierten Uhren vom Hersteller und dem Sekundärmarkt mit getragenen Uhren jeden Alters von Marktakteuren, die nicht der Hersteller sind, unterscheiden. Darauf aufbauend gibt es fünf grundlegende Strategien, um in Uhren zu investieren.

### 1. Neu kaufen – lagern:

Die einfachste Form des direkten Investments ist der Neukauf von Uhren im Primärmarkt bei Konzessionären oder direkt beim Hersteller und die anschließende Lagerung. Durch die Nutzung des Onlinehandels oder des Graumarktes lassen sich neuwertige Uhren auch erwerben, wobei hier grundsätzlich ein potenziell höheres Transaktionsrisiko besteht. Ebenso ist der Investmenthorizont deutlich länger, da zunächst einmal in vielen Fällen Abschläge durch Margen et cetera zu erwarten sind.

### 2. Gebraucht kaufen:

Die gegenläufige Strategie zu Strategie 1: Es geht darum, Uhren möglichst effektiv im Sekundärmarkt zu kaufen (und gegebenenfalls auch zu tragen). Die Strategie ist oft effizient, da die geringeren Sekundärmarktpreise ausgenutzt werden können und gleichzeitig mehr Flexibilität beim Einkauf durch eine sehr viel breitere Spanne der zum Kauf stehenden Uhren gegeben ist (zum Beispiel auch Vintage-Themen).

### 3. Nach (aktuell populären) Themen oder Marken investieren:

Eine Kombination von Strategie 1 und 2: Hier kann man sich auf ein Thema konzentrieren und Uhren, welche in diesen Bereich fallen, kaufen – sowohl am Primär- als auch am Sekundärmarkt –, zum Beispiel Uhren der Patek-Philippe-Nautilus-Linie.

### 4. Kaufen, was sonst keiner kauft:

Eine antizyklische Strategie – man nutzt die relative Schwäche weniger populärer Marken und Modelle aus, um attraktivere Einstiegspreise für Uhren zu realisieren. Diese Strategie war beispielsweise in den 1970er-/1980er-Jahren mit frühen Rolex-Daytona-Chronographen auf lange Sicht sehr erfolgreich – gerade die Paul-Newman-Variante war anfänglich unbeliebt und wurde nur wenig verkauft. Ob und wie sich solche Geschichten wiederholen werden, lässt sich nicht vorhersagen, was das Risiko erhöht.

**5. Kaufen, was einem gefällt:**
Die vermutlich am weitesten verbreitete Strategie, die keine wirkliche Investmentstrategie ist. Wenn man das Investmentverhalten jedoch an (auch objektiv nachvollziehbaren) „besonderen" Uhren ausrichtet und gleichzeitig ein klassisches „Kategoriensammeln" vermeidet, kann auch hier ein erfolgreiches Investment entstehen.

Über das individuelle Vorgehen muss natürlich jeder Investor selbst entscheiden, zugleich ist die Bandbreite der verfügbaren Strategien durch Substrategien und mögliche Kombinationen noch größer als hier dargestellt.

Für die individuellen Überlegungen zu einer Investmentstrategie spielen weitere Faktoren eine zentrale Rolle:

/// Zunächst einmal sollte man sich über das vorhandene *Budget* und die gewünschte Investmentsumme und -frequenz im Klaren sein. Dies hilft, erworbene Uhren als Investment und nicht als persönliches Konsumgut zu sehen. Das Budget bestimmt letztendlich die Strategie – nicht jede Strategie lässt sich mit jedem Budget umsetzen. So werden Sie mit einem persönlichen Budget von 10.000 Euro bei Patek Philippe nicht sonderlich weit kommen. Grundsätzlich ist ein Budget von mindestens 50.000 Euro bei Uhren als Investment hilfreich und sinnvoll.

**Tipp für Einsteiger:** Beginnen Sie mit einem kleinen, fest definierten Budget – und nutzen Sie Gewinne zur Reinvestition. So erweitern Sie automatisch Ihr Uhrenportfolio.

/// Neben dem Budget ist die *Einkaufsstrategie* entscheidend für einen Investitionsansatz. Überlegen Sie, wo Sie Uhren am besten unter Marktwert einkaufen und so schon im Einkauf den Grundstein für ein erfolgreiches Investment legen können. Auktionen können hier eine wichtige Quelle sein, es gibt immer Stücke, die sich für ein Investment eignen und die besonders attraktiv und günstig geschätzt sind.

/// Ebenso ist der *Anlagehorizont* von Bedeutung. Bei den wenigsten Uhren werden Sie innerhalb eines Jahres oder innerhalb von drei Jahren signifikante Wertsteigerungen erleben, es sei denn, Sie haben sie besonders attraktiv eingekauft. Außerdem steigt die Sinnhaftigkeit des Investments mit der investierten Summe, da Sie einfacher Umschichtungen vornehmen können. Auch dies hat mit dem Anlagehorizont zu tun, da Umschichtungen für ein aktives Management der Uhren als Wertlager unerlässlich sind – Uhren unterliegen ebenfalls deutlichen Wertschwankungen, welche in letzter Zeit aufgrund von Hypes eher zugenommen haben.

/// Auch die *Zugänglichkeit* von Uhrenmarken und Modellen spielt eine Rolle. Sie werden feststellen, dass Sie gerade bei wirklich interessanten Uhren oft nicht alles kaufen können, was sinnvoll ist. Eine grundsätzlich marktorientierte Investmentstrategie ist hier hilfreich, da man verständlicherweise nur das kaufen kann, was auch angeboten wird.

/// Als letzter Faktor spielt der *Zyklus* des jeweiligen Uhrenmodells eine nicht zu unterschätzende Rolle. Aktuell sind viele Uhren auf einem sehr hohen Niveau angelangt, der Einstiegspreis ist entsprechend hoch und der sinnvolle Anlagehorizont ist länger als bei Uhren, die in einer anderen Zyklusphase sind.

Mit diesen Faktoren können Sie Ihre Strategie für ein Investment in Uhren besser eingrenzen und festlegen. Bedenken Sie dabei stets, dass es entscheidend ist, sehr gut über den aktuellen Markt informiert zu sein; Sie sollten in der Lage sein, auf auftretende Änderungen im Preisgefüge schnell reagieren zu können.

## GRUNDREGELN UND BEISPIELE FÜR UHREN ALS ALTERNATIVES INVESTMENT

Ich möchte nun noch einige Beispiele für Uhreninvestments aufführen, welche aus meiner Sicht derzeit eine gute Grundlage für einen zukünftigen Erfolg darstellen.

Dabei lässt sich aus jedem Beispiel auch eine Regel ableiten – letztendlich sind es immer die gleichen Mechanismen, die darüber entscheiden, ob eine Uhr als Investment gut oder weniger gut funktioniert. Und natürlich muss man auch die Rendite in Betracht ziehen, welche sich daraus ergibt, Freude am Tragen einer Uhr zu haben, die einem gefällt.

Alle aufgeführten Beispiele gehen jedoch darüber hinaus und stellen Uhren vor, die sich seit ihrer Auflage teilweise sehr stark entwickelt haben – das Spektrum erstreckt sich von Luxusuhren mit Einstiegspreisen von über 10.000 Euro bis hin zu Luxusuhren im mittleren Preissegment von 1.000 bis 2.000 Euro. Die Beispiele sind selbstverständlich unverbindlich und haben lediglich die Absicht, eine Idee für in der Vergangenheit erfolgreiche Konzepte abzubilden.

### 1. Fast jede Stahl-Rolex

So vage diese Regel auch klingen mag, heutzutage können Sie mit einer modernen Stahl-Rolex als Investment kaum etwas falsch machen – egal ob es sich um eine Daytona, GMT-Master II, Submariner, Explorer oder auch eine Air-King handelt.

Rolex hat in den letzten Jahren die Produktion immer wieder gedrosselt, was auch die Preise auf dem Sekundärmarkt in die Höhe getrieben hat. Ein Beispiel: Die Rolex GMT-Master II mit Jubilee-Band hat aktuell einen offiziellen Verkaufspreis von 9.000 Euro. Für ein Einsteigermodell ist das sicher nicht ganz wenig, aber das Bemerkenswerte daran ist, dass diese Uhren derart gefragt sind, dass sie auf dem freien Markt für über 20.000 Euro gehandelt werden und bei Rolex praktisch nicht direkt zu bekommen sind. Insofern kann man auch langfristig von einem guten Investment ausgehen.

Es gibt also gute Gründe, Rolex-Stahluhren als solides Investment mit Zukunft zu bewerten, auch wenn der Einstieg (gerade bei Uhren der Daytona-Reihe) oft schwerfällt.

**Tipp für Einsteiger:** Es ist sinnvoll, sich eine Rolex Explorer für 5.950 Euro oder eine Air-King für 6.000 Euro zuzulegen. Ob Sie sie nur ein paar Jahre oder länger behalten, die Chancen stehen aus heutiger Sicht gut, dass Sie zumindest kein Geld verlieren werden.

## 2. Klassiker großer Marken

Hierbei investiert man in den Gedanken, dass Klassiker, die derzeit beliebt sind, auch weiterhin beliebt bleiben werden. Zumindest in den letzten 20 Jahren hat sich das oft bewahrheitet und es spricht im Markt viel dafür, dass dies so bleiben wird.

Zu den Klassikern neben Rolex zählen beispielsweise:

- /// Stahluhren von Patek Philippe (Nautilus, Aquanaut)
- /// Uhren der Calatrava-Linie von Patek Philippe
- /// Uhren der Royal-Oak- und Royal-Oak-Offshore-Linie von Audemars Piguet
- /// Ewige Kalender von Patek Philippe, auch mit weiteren Komplikationen
- /// Uhren der Lange-1-Linie von A. Lange & Söhne
- /// Omega-Speedmaster-Modelle
- /// Zenith El Primero

**Tipp für Einsteiger:** Sie werden einige Zeit benötigen, um alle Klassiker unter den Uhrenmodellen zu kennen – achten Sie von Beginn an auf Modelle, die Ihnen besonders oft begegnen, gegebenenfalls auch in verschiedenen Abwandlungen.

## 3. Luxusuhren in limitierter Auflage

Auch hier ist der Rahmen sehr weit gefasst, aber es gibt einige spezifische Kriterien, die beachtet werden müssen, damit ein Kauf zu einem sinnvollen Investment führt:

/// Das Wichtigste zuerst: Jede limitierte Auflage, die in Tausenden von Exemplaren angeboten wird, ist nicht wirklich limitiert und sollte aus der Betrachtung gestrichen werden, wenn der Werterhalt oder die Wertsteigerung eine Rolle spielt. Je niedriger die produzierte Stückzahl, desto besser für Sie, unabhängig vom Einstiegspreis und der Marke der betreffenden Uhr.

/// Besonders interessant sind sogenannte „natürliche Limitierungen“, sprich Uhren, die einfach nur selten gebaut werden und wurden, ohne dass dies explizit dargestellt wird.

/// Uhren wie Panerais limitierte Bronzeuhren oder Omegas limitierte „Speedy Tuesday“-Ausgaben, die online lanciert wurden, haben sich über die Jahre gut entwickelt, aber auch in zugänglicheren Preisklassen werden Sie gelegentlich sehen, dass sehr limitierte Stücke sehr gut abschneiden, wenn es um den Werterhalt geht.

/// Zu den besten Beispielen natürlicher Limitierungen gehören gerade einige unabhängige Marken mit geringen Stückzahlen wie F.P.Journe oder Richard Mille, bei denen die Nachfrage das Angebot nach wie vor bei Weitem übersteigt.

/// Aber auch am anderen Ende des Spektrums finden sich erfolgreiche limitierte Investmentuhren: Beispielsweise hat Zodiac eine Reihe limitierter Ausgaben gebaut, welche sehr beliebt sind, wie zum Beispiel die Super Sea Wolf 68 in Bronze, von der nur 82 Exemplare hergestellt wurden. Ihr ursprünglicher Verkaufspreis von circa 1.700 Euro hat sich inzwischen mehr als verdoppelt.

/// Gerade limitierte Editionen, welche mit besonderen historischen Ereignissen wie zum Beispiel Firmenjubiläen verbunden sind, können sich oft gut entwickeln. Zum Beispiel hat Patek Philippe einige sehr begehrte Editionen zum 175-jährigen Firmenjubiläum herausgebracht. Gleiches gilt für Uhren zu Filmen oder sportlichen Großereignissen.

/// Ebenso limitierte Editionen, welche sich von besonders populären Modellen wie der Patek Philippe Nautilus oder der Royal Oak von Audemars Piguet ableiten. Hier gab es zum

40. Jubiläum der Nautilus einige Exemplare der Ref. 5711 in Platin, welche sich extrem stark entwickelt haben. Gleiches gilt für Audemars Piguet.

## 4. Ausgewählte Vintage-Uhren

Der Markt für Vintage-Luxusuhren hat sich besonders in den letzten zehn Jahren rasant entwickelt. Mit den Auktionshäusern Phillips, Sotheby's und Christie's, die immer höhere Verkaufsergebnisse erzielen, und immer mehr Menschen, die in das Geschäft mit dem Kauf und Verkauf von Vintage-Uhren einsteigen, gibt es eine große Auswahl, aber auch eine Menge Risiken.

> **Tipp für Einsteiger:** Bevor Sie bei hochpreisigen Vintage-Uhren als Investment aktiv werden, sollten Sie eine Zeit lang Auktionsergebnisse verfolgen und sich ein umfassendes Marktbild zu den für Sie interessanten Modellen und Themen erarbeiten.

Sie werden bei diesem Investmentthema nicht umhinkommen, sich eine breite Wissensbasis zu erarbeiten – nach der Lektüre dieses Buches sollten Sie aber das notwendige Rüstzeug dazu haben.

Um Ihnen ein paar Einstiegspunkte mit an die Hand zu geben: Die folgenden Modelle sind derzeit im Markt begehrt und haben sich bisher als ein gutes Investment erwiesen. Die Liste soll nur eine Anregung sein und ist bei Weitem nicht erschöpfend.

/// Audemars Piguet Royal Oak Jumbo, Ref. 15202ST
/// Audemars Piguet Royal Oak, Ref. 5402A bis 5402D
/// Patek Philippe Nautilus, Ref. 3700A
/// Patek Philippe Aquanaut, Ref. 5065A
/// Rolex GMT, Ref. 1675
/// Rolex Daytona, Ref. 16520
/// Rolex Submariner, Ref. 16800
/// Rolex Submariner, Ref. 5513
/// Longines Vintage-Chronographen, 1940-1950
/// Omega Vintage-Chronographen, 1940-1950

/// Omega Speedmaster, Ref. 2998-2
/// Heuer Chronographen bis 1970
/// Breitling Chronographen bis 1970

**Tipp für Einsteiger:** Auch viele weniger bekannte Marken steigen derzeit im Preis weiter an. Marken wie Leonidas, Gallet, Wyler Vetta, Doxa, Arsa, Yema, Wittnauer, Bulova, Movado und weitere sind vielen eher unbekannt – doch das wandelt sich rapide. Noch sind die Einstiegspreise recht attraktiv.

Denken Sie bei allen vier Themenbeispielen für in der Vergangenheit erfolgreiche Investments stets daran, dass Marktmechanismen den Erfolg einzelner Uhren bestimmen. Je mehr Sie sich damit beschäftigen werden, desto erfolgreicher werden Sie bei der Auswahl Ihrer Investmentuhren sein.

# WIE ERHALTE UND PFLEGE ICH UHREN?

Viele mechanische Uhren sind grundsätzlich für ein ganzes Menschenleben ausgelegt und wenn man sie gut pflegt, überleben sie auch mehrere Generationen. Außerdem sind sie großartige Erbstücke für die kommenden Generationen, zu denen spannende Geschichten entstehen können. Vielleicht erinnern Sie sich an den Werbeslogan „Eine Patek Philippe gehört einem nie ganz allein. Man erfreut sich ein Leben lang an ihr, aber eigentlich bewahrt man sie schon für die nächste Generation." Darin steckt viel Wahrheit, wenn man sich grundlegend mit dem Thema Pflege und Wartung befasst hat.

Uhren sind kleine Hochleistungsmaschinen, zusammengebaut aus Hunderten von einzelnen Bauteilen, von denen jedes einzelne sicherstellen muss, dass die Zeit auch dann noch richtig angezeigt wird, wenn sie im Laufe des Tages ständig abrupten Bewegungen, Stößen, Hitze und Feuchtigkeit ausgesetzt sind. All diese Belastungen sollten für Uhr und Uhrwerk kein wirkliches Problem darstellen, denn gerade eine hochwertige Luxusuhr ist – natürlich in Abstufungen nach Modell und Komplikation – ein überaus belastbares Objekt.

Von Uhren erwartet man stets Zuverlässigkeit und Genauigkeit, aber sie sind immer von Ermüdungserscheinungen bedroht, denn Verschleiß ist ein natürlicher Nebeneffekt aller Maschinen, die mit Mechanik und somit auch Reibung arbeiten. Hier kann die richtige Pflege einer Uhr den Unterschied ausmachen, ob sie nur ein paar Jahre hält oder Generationen überdauert.

Folgende Aspekte sind für die Pflege Ihrer Uhr unbedingt zu beachten, wenn Sie Letzteres erreichen wollen:

## Achten Sie stets auf die Wasserdichtigkeit

Jede Uhr hat eine Wasserdichtigkeitsangabe (entweder in Luftdruck oder in Wassertiefe), die aber richtig interpretiert werden muss. Eine Wasserdichtigkeit von 3 bar (oder 3 ATM/30 m/100 ft) bedeutet nicht, dass Sie mit der Uhr bis zu 30 Meter tief tauchen können. Dies könnte die Uhr ernsthaft beschädigen – eindringendes Wasser ist sehr schädlich für Uhrwerke. Die Wasserdichtigkeitsangabe spiegelt nämlich keine Einsatzszenarien wider, sondern ist lediglich eine standardisierte Wasserdichtigkeitsklassifizierung. Die 3-Bar-Angabe zum Beispiel verträgt nur Spritzwasser, während 5 Bar (50 m/165 ft) im Schwimmbad und unter der Dusche verwendet werden können (obwohl es nicht angeraten ist, besser ist eine höhere Wasserdichtigkeit). 10 bar (100 m/330 ft) eignen sich zum Schnorcheln und für die meisten Wassersportarten, während alles, was 20 bar (200 m) und mehr aufweist, zum Tauchen verwendet werden kann. Je älter Ihre Uhr ist, desto unwahrscheinlicher ist es, dass die schützende Gummidichtung im Inneren noch intakt ist, also lassen Sie sie in regelmäßigen Abständen durch einen Konzessionär überprüfen, besonders, wenn Sie die Uhr zum Schwimmen oder gar Tauchen nutzen wollen. Aktivieren und verwenden Sie außerdem niemals Komplikationen (es sei denn, es handelt sich um eine Taucheruhr), während die Uhr unter Wasser ist.

## Schützen Sie Ihre Uhr vor direktem Sonnenlicht

Starkes Sonnenlicht wirkt relativ aggressiv auf mechanische Präzisionsinstrumente. Wenn Sie Ihre Uhr längere Zeit starker Sonneneinstrahlung aussetzen, können sich die lackierten Teile (in der Regel Zifferblatt, Lünette und Zeiger) schneller abnutzen, während die Schmiermittel im Inneren, die für den reibungslosen

Betrieb der Komponenten sorgen, austrocknen. Manche Uhren – vor allem Vintage-Uhren – können auch beschlagen, wenn sich die Umgebungstemperatur zu plötzlich ändert, was auf Dauer zu Kondensation und Wasserschäden führt. Wenn Sie Ihre Uhren lagern: Bewahren Sie diese stets an einem kühlen, dunklen Ort auf, an dem die Temperatur nicht zu stark schwankt.

## Schützen Sie die Krone

Die Krone ist das Einzige, was zwischen Ihnen und dem empfindlichen Uhrwerk im Inneren steht. Wenn Sie Ihre Uhr nicht tragen, sollten Sie sie flach auf eine weiche Unterlage legen, anstatt sie auf die Krone zu stellen, auch wenn es sich um eine robuste Sportuhr handelt. Wenn Sie Ihre Uhr am Handgelenk aufziehen oder einstellen, kann das empfindliche Aufzugssystem auch seitlich belastet werden. Am besten machen Sie es wie ein Uhrmacher: Nehmen Sie die Uhr vom Handgelenk und ziehen Sie sie vorsichtig auf. Als Faustregel gilt, dass Sie aufhören sollten, Kraft auszuüben, sobald Sie einen Widerstand spüren.

## Ziehen Sie Ihre Uhr regelmäßig auf

Die meisten Hersteller empfehlen, eine mechanische Uhr – ob mit Automatik- oder Handaufzug – mindestens einmal im Monat aufzuziehen, gerade auch wenn Sie diese eine Zeit lang nicht getragen haben. Bei Uhren mit Automatikaufzug werden mindestens 30 Umdrehungen der Krone empfohlen, um die Komponenten des Uhrwerks gut zu schmieren. Drehen Sie die Krone bei Uhren mit Handaufzug, bis sie sich nicht mehr bewegen lässt beziehungsweise bis Sie einen Widerstand spüren.

## Halten Sie Ihre Uhr von Magnetismus fern

Magnetfelder sind der Fluch mechanischer Uhren, da sie die Integrität der Mechanik beeinträchtigen und in schweren Fällen zum Stillstand führen können. Leider bedeutet dies, dass Sie sich (gerade mit Vintage-Uhren) von vielen alltäglichen Dingen fernhalten müssen, zum Beispiel von Lautsprechern, Kühlschränken, MRT-Geräten oder Magnetverschlüssen an Taschen. Ebenso sollten Sie Ihre Uhr nicht auf ein Tablet oder einen Laptop legen, da diese starke Magnete enthalten. Dies gilt natürlich nicht für Uhren, die magnetisch abgeschirmt sind. Wenn Sie bemerken, dass die Zeitanzeige auf Ihrer Uhr langsamer oder schneller läuft, kann sich eine Entmagnetisierung bei einem Uhrmacher lohnen.

## Stellen Sie die Zeit an Ihrer Uhr zum richtigen Zeitpunkt ein

Vermeiden Sie es nach Möglichkeit, das Datum oder den Wochentag zwischen 21:00 Uhr und 3:00 Uhr morgens zu korrigieren. Zu diesem Zeitpunkt beginnt der Getriebemechanismus für das Datum in der Regel einzurasten und löst sich erst um 3:00 Uhr morgens wieder vollständig. Wenn Sie während des Schaltvorgangs diese Funktion betätigen, kann das Uhrwerk beschädigt werden.

## Reinigen Sie Ihre Uhr möglichst schonend

Wenn eine Uhr getragen wird, ist es nur eine Frage der Zeit, bis sie nicht mehr wie neu aussieht, sondern schmutzig wird. Wasserdichte Uhren können ein wenig Feuchtigkeit bei der Reinigung vertragen. Ein weiches, feuchtes Tuch reicht für eine oberflächliche Reinigung, aber um in die engeren Zwischenräume zu gelangen, müssen Sie einen hölzernen Zahnstocher mit einem angefeuchteten Ende oder eine gebrauchte Zahnbürste verwenden. Auch Wattestäbchen funktionieren gut, allerdings kommen sie nicht so gut in die engen Zwischenräume und hinterlassen Wattefetzen. Verwenden Sie zum Schluss ein Mikrofasertuch ohne Polier- oder Scheuermittel.

Sollte Ihre Uhr einmal wirklich stark verschmutzt sein, dann lassen Sie sie bei einem Juwelier oder Uhrmacher einer professionellen Tiefenreinigung unterziehen.

## Pflegen Sie auch Armbänder regelmäßig

Armbänder gehören natürlich streng genommen nicht unmittelbar zur Uhr, sind aber trotzdem wichtig für die Optik und kosten schnell einige Hundert Euro – daher sollten sie ebenfalls gepflegt werden.

**Tipp für Einsteiger:** Wenn Sie keine Lust auf viel Reinigungsaufwand haben: Besonders Kautschukarmbänder sind einfach zu reinigen. Waschen Sie sie einfach mit Wasser und Seife oder wischen Sie sie mit einem feuchten Tuch ab.

Lederarmbänder vertragen in der Regel kein Wasser, daher sollten Sie nasse Tücher oder fließendes Wasser eher vermeiden. Ein feuchtes Tuch zum schnellen Abwischen kann verwendet werden, wenn man Zeit hat, das Armband anschließend an der Luft zu trocknen (niemals mit einem Föhn). Andernfalls sollten Sie in einen speziellen Lederreiniger oder in Lederseife investieren, welche für die spezielle Lederart Ihres Armbands geeignet sind. Natürlich gibt es heutzutage auch schon speziell bearbeitete und versiegelte Lederbänder, die wasserfest sind. Hier können Sie ganz unbesorgt wie bei einem Kautschukarmband vorgehen.

Armbänder aus Metall oder Edelmetall und das Uhrgehäuse selbst können Sie mit etwas warmem Wasser, einer weichen Zahnbürste und mildem Spülmittel reinigen – vermeiden Sie unbedingt Tauchbäder und scharfe Reiniger.

## Lassen Sie Ihre Uhr bei Bedarf warten

Die meisten Hersteller empfehlen eine regelmäßige Wartung ihrer Uhren in ihren Werkstätten – oft alle drei bis fünf Jahre. Dies ist definitiv die unterste Schwelle für eine Wartung, es ist in den allermeisten Fällen völlig ausreichend, eine moderne Uhr alle fünf bis zehn Jahre zur Wartung an einen qualifizierten Uhrmacher oder Juwelier zu geben. Entweder schickt man dort die Uhr zum Hersteller ein oder man wird in einfacheren Fällen vor Ort eine Inspektion vornehmen (Letzteres gerade dann, wenn der Uhrmacher auch Konzessionär ist).

Eine Wartung durch den Hersteller ist einer Wartung durch einen unabhängigen Uhrmacher vorzuziehen, da die Wartung dokumentiert wird und Sie alle relevanten Unterlagen erhalten. Einige Hersteller verkaufen ihre Uhren auch mit Wartungsbüchern, wo Wartungen erfasst und dokumentiert werden können.

Je nach Hersteller sollten die Kosten einer einfachen Wartung zwischen 500 und 2.000 Euro betragen – wenn die Uhr über mehrere Komplikationen verfügt, können die Beträge noch höher ausfallen.

> **Tipp für Einsteiger:** Als allgemeine Regel gilt: Wenn Sie planen, eine Uhr täglich zu tragen, sollten Sie die Kosten für die Wartung der Uhr von Anfang an mit einkalkulieren.

Bei Vintage-Uhren kann die Frage der Wartung deutlich schwerer zu beantworten sein – in der Tat stellt die Antwort auf diese Frage die wahrscheinlich größte Herausforderung beim Sammeln von Vintage-Uhren dar. Eine Vintage-Uhr kann scheinbar ohne Probleme laufen, aber wenn die Uhr plötzlich merkliche Anzeichen von Problemen zeigt, haben Sie unter Umständen schnell ein gravierendes Problem. Die Wartung wird durch die Tatsache verkompliziert, dass für viele Uhren Ersatzteile entweder knapp oder nicht mehr verfügbar sind, was bedeutet, dass die Wartung oder sogar Wiederherstellung einer Vintage-Uhr in einen funktionsfähigen Zustand entweder unmöglich ist oder die Beauftragung eines erfahrenen Uhrmachers erfordert, um ein Ersatzteil neu anzufertigen.

Die Kosten dafür können extrem hoch ausfallen – Kostenvoranschläge von Rolex oder Patek Philippe für Vintage-Uhren von 30.000 bis 40.000 Euro sind durchaus möglich und keine Seltenheit. Ein solches Wartungsinvestment wird sich nur in den wenigsten Fällen lohnen – es sei denn, man hängt emotional an einer Uhr.

Vintage-Uhren mit industriell gefertigten Uhrwerken und anderen Komponenten (zum Beispiel Rolex ab circa 1990) sind oft eine sicherere Sache, da Uhrmacher hier einen größeren Pool an Ersatz- und Austauschteilen vorfinden.

Grundsätzlich ist eine Wartung (insbesondere dokumentiert durch den Hersteller) als werterhaltend anzusehen. Es gibt jedoch Vintage-Sammler und -Investoren, welche gewartete Uhren tendenziell ablehnen, insbesondere wenn das Zifferblatt ausgetauscht wurde. Dies war lange Zeit üblich, auch aufgrund von gesetzlichen Anforderungen hinsichtlich der früher radioaktiven Leuchtmasse. Viele Puristen lehnen dies grundsätzlich ab – und ignorieren die Tatsache, dass Uhren Maschinen sind, die gewartet werden müssen, um dauerhaft erhalten zu bleiben. Man sieht daher im Markt eine gewisse zaghafte Tendenz, auch vom Hersteller gewartete und überholte Vintage-Uhren mehr wertzuschätzen.

> **Tipp für Einsteiger:** Gerade wenn Sie eine Uhr regelmäßig tragen (egal ob Modern oder Vintage), sollten Sie ihre Wartung ernst nehmen und sie nicht bis zur Funktionsunfähigkeit ungewartet lassen. Lassen Sie sich dabei nicht durch Puristen verrückt machen – eine Wartung durch den Hersteller ist etwas ganz Normales. Den Tausch von gewissen Bauteilen, zum Beispiel des Zifferblatts oder der Zeiger, kann man heute ausschließen.

# DAS TRAGEN VON UHREN

Ein weiterer wichtiger Aspekt beim Sammeln von Uhren ist das Tragen – einige Uhrenenthusiasten würden sogar behaupten, dies sei der zentrale Aspekt.

Wir leben heute in einer „Anything goes"-Welt – und wenn alles möglich ist, kann man eigentlich auch nichts falsch machen. Es ist kein Problem, wenn Sie Ihre elegante Patek-Philippe-Uhr zu einem Trainingsanzug tragen und den Anzug oder Frack mit einer Casio-Uhr (oder eben einer Uhr von Richard Mille) kombinieren. Oftmals ist ein bewusster Stilbruch genau das, was der Träger beabsichtigt.

Es gibt aber durchaus ein paar Regeln und Grundsätze, über die es nachzudenken lohnt, denn sie stellen eine gute Basis dar, um mit den eigenen Uhren viel Freude zu haben.

Uhren lassen sich in zwei grundlegende Kategorien einteilen: elegante, schlichte Uhren (mit oder ohne Komplikationen) und robustere Uhren. Sportuhren fallen meist in letztere Kategorie, ebenso die sogenannten „Tool Watches".

Wie können beide Uhrenarten getragen werden? Der klassische Ansatz gibt darauf eine relativ einfache Antwort: Die schlichte Kategorie (häufig auch als Dress Watch bezeichnet) trägt man zu klassischer Kleidung, die robustere Kategorie zu einem sportlichen Outfit. Dieser Ansatz ist nach wie vor gültig und verbreitet.

Das heißt: Sie werden nichts damit falsch machen, eine elegante, schlichte Uhr zu einem Anzug beziehungsweise einem klassischen, eleganten Outfit zu tragen – und umgekehrt.

Dieser klassische Ansatz wurde in den letzten zehn Jahren allerdings an entscheidenden Stellen aufgebrochen: Der Markt bietet heute deutlich mehr Unterkategorien neben den beiden genannten Kategorien – und auch die Annahme, dass schlichte, elegante Uhren teurere Uhren sind als sportliche Uhren und daher zu einem besonders teuren, eleganten Outfit getragen werden müssen, gilt nicht mehr.

Gerade jüngere Marken wie Urwerk haben überaus kostspielige Uhren entwickelt, die sich jenseits des klassischen Uhrengeschmacks bewegen. Diese Uhren kann man zu allem tragen, solange es dem persönlichen Empfinden und dem eigenen Stil entspricht. Überhaupt ist der *eigene Stil* heutzutage der entscheidende Gradmesser dafür, was geht und was nicht.

Auf der anderen Seite haben ehemals klassisch ausgerichtete Marken mit hauptsächlich eleganten, schlichten Uhren, wie beispielsweise Patek Philippe, in letzter Zeit immer auffälligere und größere Sportmodelle produziert und damit zur neuen Logik des „Anything goes" beigetragen.

Heutzutage muss jeder Uhrenenthusiast seine eigene Linie finden und definieren, welche Uhr er in welcher Situation und zu welchem Outfit tragen möchte. Es gilt, sich nicht einzuschränken, sondern die Uhren und die Ästhetik auf sich wirken zu lassen und auf das eigene Stilempfinden zu hören. Nachfolgend möchte ich dennoch einige Tipps und grundlegende Regeln vorstellen, mit denen man gut fährt.

**Tipp für Einsteiger:**

- Die goldene Regel für Rolex-Uhren: Alles geht grundsätzlich zu allem – mit einer Rolex, egal welcher, machen Sie heutzutage nie eine schlechte Figur und jedes Modell kann in einen eleganten oder sportlichen Kontext gesetzt werden. Es sind sehr universelle Uhren, mit denen man nie wirklich falschliegen kann. Zudem sind sie sehr robust und können beispielsweise auch im Urlaub durchgängig getragen werden.
- Achten Sie darauf, dass die Größe des Gehäuses zu Ihrem Handgelenk passt. Die Grundregel lautet: Das Gehäuse sollte nicht über das Handgelenk abstehen. Dies wirkt oft unelegant und birgt das Risiko der Beschädigung der Uhr.
- Im geschäftlichen Kontext rate ich zu einer schlichten, eleganten Uhr, solange der Beruf ein beratender Beruf ist oder in der Finanzindustrie angesiedelt ist. Achten Sie zudem darauf, dass die Uhr nicht zu teuer ist – häufig werden Uhren über 10.000 Euro kritisch beäugt.
- Viele elegante Uhren – vor allem aus dem Vintage-Bereich – sind nicht sonderlich alltagstauglich.
- Sportliche Uhren sind heute weiter verbreitet als sehr komplizierte Uhren oder ausgefallene Uhren mit Diamantbesatz und breiter akzeptiert. Dementsprechend können sie weitaus freier kombiniert und getragen werden.
- Setzen Sie Stilbrüche stets bewusst und nicht zu extrem ein – sie werden unter Uhrenenthusiasten nicht sonderlich gern gesehen.

# RECHTLICHE ASPEKTE

Neben den inhaltlichen Aspekten, die wir bereits in diesem Buch behandelt haben, tun sich auch einige rechtliche Fragestellungen auf. Glücklicherweise sind diese recht überschaubar, da Uhren gesetzlich praktisch nicht reglementiert sind – anders zum Beispiel als Automobile, die registriert und pflichtversichert werden müssen. Im Wesentlichen geht es um steuerliche Themen, Versicherungen sowie das Vererben von Uhren.

Dieses Buch kann zu diesen mitunter sehr komplexen Themen natürlich keine fundierte Rechts- oder Versicherungsberatung ersetzen – die individuelle Beratung durch Spezialisten Ihres Vertrauens zu den jeweiligen Themengebieten steht dabei an erster Stelle. Ich möchte lediglich für die rechtlichen Aspekte der Beschäftigung mit Uhren sensibilisieren und auf Themen hinweisen, die sich in der Praxis als wichtig oder problematisch erweisen können.

## STEUERN

Steuern und Uhren als Sammlung oder Investment sind ein umfangreiches und sehr komplexes Thema. Dieses Buch kann und will es nicht ausführlich darstellen, besonders auch, weil jeder Fall anders gelagert ist und Sie Details mit Ihrem Steuerberater besprechen sollten. Wichtig ist mir hingegen, dass Sie dies unbedingt tun! Sie können sich ansonsten unter Umständen sehr viel Ärger mit den Steuerbehörden Ihres Landes einhandeln und hohe Summen an Einkommen- und Umsatzsteuer nachzahlen müssen.

**Tipp für Einsteiger:** Lassen Sie sich unbedingt von einem erfahrenen Steuerberater zum Thema Sammeln von und Investieren in Uhren beraten – am besten bevor Sie damit beginnen. Schildern Sie ihm Ihre persönliche Situation und Ihre Ziele. Achten Sie von Anfang an auf eine saubere Dokumentation Ihrer Uhrensammlung samt aller Transaktionen.

Das Thema Uhrensammlung steht nämlich immer mehr im Fokus der Steuerbehörden – diese haben erkannt, dass hier oft etwas zu holen ist. Interessanterweise ist nämlich die Tätigkeit des Sammelns von und des Investierens in Uhren steuerlich betrachtet keine private Tätigkeit, sondern wird schnell als Gewerbe aufgefasst. Dies hängt primär mit der Anzahl der Transaktionen zusammen: Drei Transaktionen im Jahr – sprich drei Kauf- oder Verkaufsvorgänge – werden meistens noch als privates Hobby oder Liebhaberei gewertet, doch mehr Transaktionen gehen sehr schnell in Richtung gewerblicher Handel mit Gewinnerzielungsabsicht. Und es ist für die meisten Sammler (und erst recht Investoren) utopisch, mit einer solch geringen Anzahl an Transaktionen im Jahr auszukommen – eine Sammlung und ein Portfolio erfordern aktives Management und umfassende Organisation. Es ist nur natürlich, sich schnell wieder von unpassenden Stücken zu trennen oder Kaufgelegenheiten sofort zu nutzen. Somit werden die meisten Uhreninteressierten schnell mit einer ganzen Reihe von steuerlichen Themen konfrontiert werden, ob sie dies nun wollen oder nicht.

/// Im Zentrum muss dabei zum einen eine klare, nachvollziehbare Dokumentation Ihrer Käufe und Verkäufe stehen.

Beim Einkauf und Verkauf von Uhren sind jeweils folgende Informationen aufzuzeichnen:

- Tag des Wareneingangs/Datum der Rechnung
- Name/Firma des Lieferanten
- handelsübliche Bezeichnung der Ware, inklusive der Verpflichtung zur Einzelidentifikation
- Preis
- Hinweis auf den entsprechenden Einkaufsbeleg oder die Ausgangsrechnung

Die Aufzeichnungen, Belege der Betriebsausgaben sowie alle Ausgangsrechnungen sind dabei zehn Jahre aufzubewahren. Achten Sie besonders auf die individuelle Zuordenbarkeit von einzelnen Uhren – bis zu 80 Prozent aller Rechnungen im Sekundärmarkt erfüllen nämlich die steuergesetzlichen Anforderungen nicht vollumfänglich. Besonders häufig fehlen zum Beispiel die Seriennummern, Gehäusenummern und Werksnummern einer Uhr auf der Rechnung.

/// Auch ist es wichtig, im Ausland gekaufte Uhren ordnungsgemäß in sein Heimatland einzuführen und die zollrechtlichen Dokumentationen sorgfältig aufzuheben – hier werden immer wieder Fälle bekannt, in denen Träger von teuren Uhren bei Zollkontrollen die entsprechenden Nachweise nicht erbringen konnten und hohe Strafen zahlen mussten.

**Tipp für Einsteiger:** Wenn Sie bei Reisen auf Nummer sicher gehen wollen, führen Sie stets die vollständige und nachvollziehbare Kaufdokumentation derjenigen Uhren mit, die Sie bei einer Auslandsreise mit sich führen. Dies können Sie auch digital tun, beispielsweise durch Abspeicherung der Dokumente in einem mobil erreichbaren Cloud-Speicher.

/// Achten Sie auf die korrekte Angabe und Versteuerung Ihrer Gewinne aus der Beschäftigung mit Uhren – auch hier können schnell Steuerpflichten entstehen.

/// Neben einkommensteuerlichen Themen können auch umsatzsteuerliche Themen relevant sein, vor allem, wenn Sie von den Finanzbehörden auch gegen Ihre eigene Auffassung als gewerblicher Uhrenhändler eingestuft werden. Hierbei sind besonders der Begriff, die Anwendung und die Voraussetzungen der Differenzbesteuerung zentral.

/// Ein letztes problematisches Thema ist, dass das Sammeln von und das Investieren in Uhren recht bargeldlastige Tätigkeiten sind. Aus den bereits erläuterten Gründen der Transparenz und des Vertrauens zwischen Käufer und Verkäufer sind Bargeldtransaktionen nach wie vor ein sehr beliebter und auch sicherer Weg des Uhrenhandels, da hier stets die Zahlung unmittelbar an die persönliche Kontrolle der gekauften Ware gekoppelt werden kann. Bei bargeldlosen Transaktionen ist dies meist aufwendig bis unmöglich (nicht jede Bank kann Sofortüberweisungen ausführen oder empfangen, besonders nicht international und grenzüberschreitend).

Nun besteht jedoch bei bargeldintensiven Geschäften der Grundsatz der Einzelaufzeichnungspflicht mit strengen Anforderungen: Jeder einzelne Geschäftsvorfall (jede Betriebseinnahme und -ausgabe) ist aufzuzeichnen, mit Geldbetrag, Inhalt des Geschäfts und Name des Vertragspartners. In Verbindung mit der dazugehörigen Rechnung müssen dabei mindestens die folgenden Informationen festgehalten werden:

- Name und Anschrift des Leistungsempfängers
- Art der Ware oder Leistung
- verkaufte Menge
- Preis und Umsatzsteuer

Ohne geeignetes elektronisches Aufzeichnungssystem kann die Einzelaufstellung nur folgendermaßen gewährleistet werden:

- Führung eines Kassenbuchs mit vollständiger und detaillierter Erfassung jeder Bareinnahme und -ausgabe
- Führung eines Kassenberichts zur Ermittlung der Tageslosung und Beifügen aller geordneten (zum Beispiel nummerierten) Barbelege
- Achtung: Mit Standardsoftware (zum Beispiel Office-Programmen) erstellte Tabellen entsprechen nicht dem Grundsatz der Unveränderbarkeit. Am Markt erhältliche Software wird nur dann als ordnungsgemäß anerkannt, wenn eine nachträgliche Änderung nicht möglich ist oder mit einem entsprechenden Vermerk gekennzeichnet wird.
- Das Kassenbuch darf jedoch händisch geführt werden, es darf aber nicht zu Überschreibungen, Radierungen oder anderen nachträglichen Änderungen kommen. Ein fehlerhafter Eintrag ist zu streichen und der zutreffende Eintrag ist nachzuholen.

Dies alles stellt sehr hohe Anforderungen an einen Uhrensammler und -investor, welche nur schwer zu erfüllen sind. Oft kann es daher sinnvoll sein, seine Uhrensammlung oder sein Uhreninvestment gleich in eine eigene Firma auszulagern – dazu und auch zur Wahl der passenden Unternehmensform und Jurisdiktion lassen Sie sich bitte ausführlich von Ihrem Anwalt und Steuerberater beraten.

## VERSICHERUNGEN

Sollten Sie beginnen, Uhren zu kaufen, werden Sie sehen, dass schnell beachtliche Werte zusammenkommen können. Diese sollten Sie unbedingt angemessen schützen.

Die größte Gefahr für ein Uhreninvestment ist letztendlich der *physische Verlust* der Sammlung – sei es durch Diebstahl oder durch Zerstörung, unterschätzen Sie dies niemals. Insofern muss der Sammler oder Investor eine sichere Umgebung für seine Uhrenleidenschaft schaffen. Viele pflegen einen sehr laxen Umgang mit Uhren und dies führt immer wieder zu Verlusten. Dafür möchte ich hier sensibilisieren; den für sich richtigen Umgang muss natürlich jeder selbst herausfinden.

Zum einen kann ich nur davon abraten, Uhren in größerem Umfang bei sich zu Hause zu lagern – auch wenn Sie einen Tresor mit hoher Sicherheitsklasse (III und aufwärts) haben. Es ist reine Bequemlichkeit und erhöht die Risiken für Ihre Uhren beträchtlich – Einbrecher werden immer professioneller und Sie setzen sich und Ihre Familie einem erhöhten Risiko aus. Uhrensammlungen und Uhreninvestments gehören ausschließlich in Bankschließfächer, welche über umfangreiche Sicherungen und Zugangskontrollen verfügen. Zudem sollten diese Schließfächer ihrem Inhalt entsprechend voll versichert sein.

**Tipp für Einsteiger:** Der erste Ansprechpartner sollte Ihre Hausbank sein; fast alle Banken bieten versicherbare Schließfächer an. Die Kosten hierfür sind meist sehr überschaubar (circa 100-200 Euro im Jahr) und es können oft optionale Versicherungen für höhere Werte abgeschlossen werden.

Zum anderen sollten Sie Ihre Uhren auch dann versichern, wenn Sie diese nicht in einem sicheren Schließfach aufbewahren – zum Beispiel beim Tragen. Dafür gibt es sogenannte Valorenversicherungen im Allgemeinen und Uhrenversicherungen im Speziellen.

**Tipp für Einsteiger:** Bitte beachten Sie, dass es länderspezifisch sehr große Unterschiede hinsichtlich der verfügbaren Versicherungsarten und deren Umfang beziehungsweise Versicherungsbedingungen geben kann. Bitte informieren Sie sich hierzu umfassend bei Ihren Versicherungsspezialisten.

Bei der Uhrenversicherung handelt es sich um eine Versicherung, die sich speziell auf Uhren oder andere im Vertrag definierte Schmuckstücke bezieht. Diese Art von Versicherungsschutz kann nicht nur für eine gewisse Kompensation bei Verlust, sondern auch für die Reparatur oder den Ersatz Ihrer Uhr aufkommen, wenn diese beschädigt wird. Einige Policen bieten jedoch darüber hinaus auch den Wiederbeschaffungswert an, wenn Ihre Uhr gestohlen wird, verloren geht oder irreparabel beschädigt wird. Die Kosten dafür betragen in etwa ein bis zwei Prozent des geschätzten Wertes der versicherten Uhren jährlich. Bei solchen Kosten mag eine Uhrenversicherung zunächst wie ein überflüssiger Luxus erscheinen, aber diese Art von Versicherungsschutz kann unerlässlich sein, wenn Sie eine besonders hochwertige Uhr oder ein teures Sammlerstück besitzen, das eine fünf- oder sechsstellige Summe wert ist.

Bitte beachten Sie, dass eine normale Hausratversicherung zwar in der Regel Schmuckstücke und andere Luxusgüter wie Uhren mit abdeckt, aber diese Art von Versicherung kann schnell keine Deckung mehr bieten, wenn Ihre Uhr verloren geht oder gestohlen wird. Die durchschnittliche Hausratversicherung bietet nur eine Deckungssumme von 4.000 Euro für Diebstahlsfälle. Auch sollten Sie auf den Geltungsbereich und diverse Ausschlusskriterien achten, diese decken die häufigsten Verlustszenarien oft nicht mit ab. Wenn Sie sich für eine spezielle Uhrenversicherung interessieren, bieten die besten Policen Deckung für alle wichtigen Verlustszenarien, eine realistische Selbstbeteiligung und eine schnelle und einfache Schadensregulierung – achten Sie auf diese Faktoren beim Abschluss einer Versicherung.

**Tipp für Einsteiger:** Vergleichen Sie Uhrenversicherungsangebote gründlich und holen Sie mindestens drei verschiedene Angebote ein – diese können extrem unterschiedlich ausfallen, da es sich um relativ spezielle, eher selten verkaufte Versicherungen handelt. Vergleichen Sie auch das Leistungsspektrum genau.

Diese Versicherungen bieten erfahrungsmäßig gute Angebote für spezielle Uhrenversicherungen:

- Allianz
- AXA
- Basler Versicherungen
- Helvetia
- Mobiliar (Schweiz)
- Zurich

## DIE NÄCHSTE GENERATION

Über das Thema Tod möchten sich nur die wenigsten Menschen Gedanken machen. Dennoch sollten Sie bereits zu Lebzeiten überlegen und entscheiden, was mit Ihrer Uhrensammlung einmal geschehen soll. Wer diese seinen Enkeln oder Kindern vererben möchte, ist gut beraten, sich im Vorfeld über Erbschaftsteuern, Schenkungen und verwandte Themen zu informieren. Denn eine solche Sammlung kann schnell zu hohen Steuern führen, die von den Erbenden zu zahlen sind. Hier gilt es, zu Lebzeiten proaktiv zu handeln.

Beim Vererben von Uhren mit emotionalem Wert ist es ratsam, nicht nur Wertüberlegungen anzustellen. Sollten mehrere Angehörige eine spezielle Uhr gern als Erinnerungsstück behalten wollen, gilt es, alle gleichermaßen zufriedenzustellen. Da es nur ein Exemplar davon geben wird, sollte man im Vorfeld mit allen Betroffenen sprechen – und beim Vererben einer Uhr mit hohem sentimentalen Wert an einen Erben eine ebenso bedeutungsvolle Geste für die anderen Erben planen. Ein ultimativ faires Aufteilen ist meist nicht möglich. Dennoch sollten Sie sich an den aktuellen Werten der Uhren orientieren, um gegebenenfalls auch einen finanziellen Ausgleich zu finden.

Wenn die Uhren keinen emotionalen Wert besitzen, kann es am sinnvollsten sein, die Sammlung, so schwer es auch fallen mag, noch zu Lebzeiten in andere Anlageformen umzuwandeln. Denn Sie als Sammler werden Ihre Sammlung am besten kennen; das Gleiche gilt für Uhren als Investment. Erben können häufig gerade mit einer umfangreichen, meist speziellen Uhrensammlung überfordert sein und es besteht die Gefahr, dass sie diese deshalb deutlich unter Wert veräußern werden. Dieser Gefahr können am besten Sie selbst als Kenner der Uhren entgegenwirken – Sie werden um die Werte wissen und die Sammlung zu einem realistischen Wert verkaufen können. Erst im Anschluss an diese Transaktion kann man wirklich fair vererben.

Da der Verkauf einer großen Sammlung sehr aufwendig und komplex sein kann, ist es empfehlenswert, sich an Spezialisten zu wenden. Viele „normale" Sekundärmarkthändler werden damit finanziell und inhaltlich überfordert sein. Auch Auktionshäuser können bei entsprechendem Vorlauf ein geeigneter Ansprechpartner sein.

**Tipp für Einsteiger:**

- Besprechen Sie dieses Thema möglichst transparent mit Ihrem Anwalt und Ihren Erben – sonst können größere Sammlungen schnell zu einer Belastung werden.
- Sie sollten hierbei auch alle Entscheidungen oder Eigentumsübertragungen zu Lebzeiten (Schenkungen) notariell festhalten lassen.
- Planen Sie stets viel Zeit dafür ein, solche Prozesse dauern meist länger als geplant.

# FREUDE AN UHREN

Zum Abschluss dieses Buches möchte ich noch auf ein ganz zentrales Thema im Zusamenhang mit Uhren eingehen – die *Freude an Uhren*. Warum bereiten Uhren den Sammlern und Investoren seit vielen Jahrhunderten so viel Spaß und Freude?

Der erste Teil der Antwort ist sicher die Freude am Sammeln selbst und die Freude an der Jagd nach einer guten Sammlung. Sammleruhren sind schwer zu finden und noch schwerer zu bekommen und obwohl die meisten von ihnen immer noch in der Lage sind, die Zeit genau anzuzeigen, ist die Funktion einer Uhr nicht mehr das, was Uhrenenthusiasten dazu bringt, sie am Handgelenk zu tragen. Und doch wächst die Gemeinde der Uhrensammler Jahr für Jahr weiter an. Die Frage ist: warum? Warum beschäftigen sich Tausende von Menschen damit, Uhren zu kaufen, die oft am anderen Ende der Welt verkauft werden, und opfern große Teile ihrer Freizeit dafür, wenn es doch sinnvollere Dinge zu tun gibt?

Auf diese Frage gibt es natürlich so viele Antworten wie Sammler, aber ich habe festgestellt, dass es eine grundlegende Wahrheit gibt, die alle Uhrenenthusiasten verbindet. Unabhängig von ihrem Alter, ihrer Erfahrung und ihrem Budget können sich alle Uhrensammler noch an die erste wirklich bemerkenswerte mechanische Uhr erinnern, die sie in die Hand genommen haben (für mich war dies übrigens eine Patek Philippe Ref. 2499 – eine wahrlich bemerkenswerte Uhr).

Um es auf den Punkt zu bringen: *Uhren sind ein Sinnbild für die Zeit selbst und vermitteln uns daher auf eine geradezu magische Art und Weise das Gefühl, etwas wirklich Besonderes vor uns zu haben. Eine wirklich gute Uhr flößt einem ebenfalls Respekt vor der Uhrmacherkunst selbst ein – sie sind in vielerlei Hinsicht unser ultimatives Kulturgut. Es sind Uhren, welche die Menschen immer wieder zum Lächeln und zum Träumen bringen.*

Wenn Sie sich für Uhren interessieren, sollten Sie, nachdem Sie vieles über den Kauf, den Handel, die Erhaltung und auch die Geschichte wichtiger Uhrenmarken erfahren haben, auch noch darüber nachdenken, was eigentlich für Sie persönlich die Freude an Uhren ausmacht. Für die meisten uhrenbegeisterten Sammler oder Investoren sind Uhren zum einen faszinierend aufgrund ihrer Komplexität, zum anderen gleichzeitig verständlich und überschaubar wegen ihres mechanischen Charakters. In einer Zeit, in der ein Auto mehr Technologie und Computerleistung enthält als früher ein Flugzeug und in Gänze nicht mehr von den Nutzern verstanden werden kann, ist es erfrischend, ein kleines, portables Objekt zu haben, welches ausschließlich mechanisch funktioniert und dessen gesamte Funktionsweise mit etwas Wissensdrang erschlossen werden kann. Diese Faszination spornt viele Menschen an, sich ausgiebiger mit dem Thema Uhren zu beschäftigen: die Freude an beherrschter Komplexität und einem Stück Verständnis von in der Regel immer komplexer werdenden Objekten.

Die zweite Denkrichtung beim Thema *Freude an Uhren* ist ein soziales Thema: Uhren sprechen über einen, bevor man selbst ein Wort gesagt hat. Machen Sie sich einmal den Spaß und achten Sie vermehrt auf die Uhren Ihrer Gesprächspartner. Mit etwas Hintergrundwissen werden Sie schnell feststellen, welche Uhren dies sind und welche Geschichte und welches Bild der Träger dadurch vermitteln will. Zudem sind Uhren ein hervorragendes Thema für einen Gesprächseinstieg – es ist ein Thema, das jeden Uhrenenthusiasten auf sein geliebtes Hobby zu sprechen bringt und schnell das Eis brechen kann. Uhren verbinden Uhrenenthusiasten miteinander, egal welcher Kultur und welcher Herkunft. Dies ist eines der kulturell zentralen Themen der Faszination an Uhren – schon im Mittelalter war dies der wesentliche soziale Zweck von Uhren. Uhren begleiten ihren Träger überallhin und können ihre Botschaft überall verbreiten – Ihr Auto müssen Sie auf dem Parkplatz zurücklassen – sie sind ein ultimatives Statussymbol.

Das wirklich Schöne daran ist, dass diese beiden Aspekte Uhren ein Stück weit von ihrem objektiven Dasein als mechanischer Zeitmesser entgrenzen und zu mehr machen, als die Summe ihrer Teile ergeben würde. Und dies spricht auch dafür, dass Uhren – besonders jene Luxusuhren, welche bereits heute im Fokus der Aufmerksamkeit stehen und sich in der Geschichte eine besonders gute Reputation aufgebaut haben – auch weiterhin begehrte Güter bleiben werden und ihren Wert als Objekt, in welcher Form auch immer, halten werden. Die Freude an der Mechanik ist etwas komplett anderes als das Tragen einer Smartwatch. Deren Software veraltet und sie wird irgendwann nicht mehr benutzbar sein. Viele Sammler schätzen auch an einer Uhr, dass diese sie selbst überdauern und bei richtiger Pflege immer wieder zu reparieren sein wird.

Uhren sind ein kleines Stück Ewigkeit am Handgelenk und werden durch ihre einzigartige soziale Komponente immer ihren Platz in der privaten Sphäre des Menschen behalten.

Machen Sie Uhren auch zu Ihrer persönlichen Leidenschaft – Sie werden sehen: Uhren sind in vielfacher Hinsicht ein lohnendes Thema!

320 Seiten,
gebunden mit SU,
49,90 [D] / 50,40 [A]
ISBN: 978-3-86470-687-5

## Oliver Hoffmann: Vom nützlichen Luxus

Oliver Hoffmann, einer der besten Kenner der Szene, geht dem Phänomen „Uhr“ technisch und ökonomisch auf den Grund. Er beantwortet Fragen wie: Wie hat sich die Uhrenindustrie in verschiedenen Ländern entwickelt? Und welche Rolle spielt permanente Innovation für die Branche? Wie kann ich Uhren sinnvoll als Investmentvehikel nutzen? Welche Strategien kann ich verfolgen? Welche Marken sind besonders relevant? „Vom nützlichen Luxus“ ist das erste deutschsprachige Buch, welches gerade diesen Investmentaspekt aufgreift, und hat das Zeug zum Standardwerk.

Börsenbuchverlag

240 Seiten
broschiert
14,99 € (D) / 15,50 € (A)
ISBN: 978-3-86470-659-2

## Arnaud Maillard:
## Merci, Karl!

Fakten- und anekdotenreich würdigt Arnaud Maillard, der als junger Praktikant bei Karl Lagerfeld begonnen hatte und über eineinhalb Jahrzehnte zu seinem engsten Kreis gehörte, seinen Mentor mit diesem Buch. Maillard verschafft dem Leser überraschendes Insiderwissen über Persönlichkeiten, Labels und Geschäftspraktiken der Szene. Der Modeschöpfer als widersprüchliche Persönlichkeit: humorvoll und genial wie auch narzisstisch und infantil. Was die Leserinnen und Leser schon immer über Lagerfeld wissen wollten – hier erfahren sie es.

PLASSEN
VERLAG

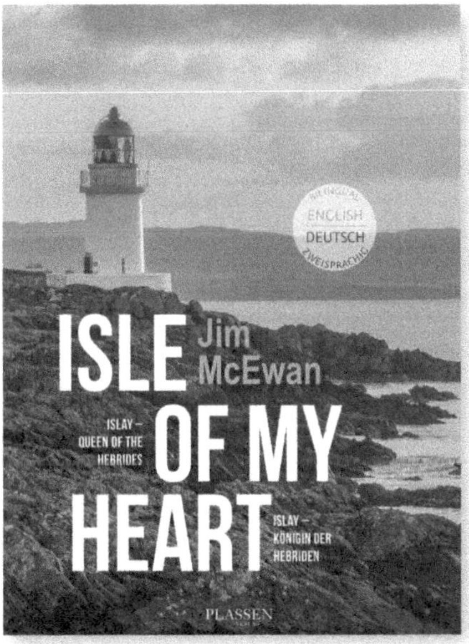


256 Seiten
Gebunden
40,32 € (D) / 41,50 € (A)
ISBN: 978-3-86470-793-3

## Jim McEwan: Isle of my heart

Jim McEwan, dessen Name untrennbar mit der Erfolgsgeschichte schottischen Single Malts verbunden ist, nimmt den Leser mit auf eine Reise zu den schönsten Plätzen seiner Insel Islay. Vom legendären Lighthouse in Port Charlotte über den Fährhafen in Port Ellen und das Kildalton Cross geht die Reise immer tiefer in die geheimnisvollsten und schönsten Ecken der Insel. Liebevoll zusammengestellt und kommentiert von Jim McEwan, bieten sich hier sowohl dem Natur- als auch dem Whisky-Fan wunderschöne Einblicke in die raue Schönheit der Whisky-Insel Islay.